大片这么拍！

全景摄影
高手新玩法（第2版）

构图君 编著

清华大学出版社
北京

内 容 简 介

本书是一本全景摄影实用教程,能够指导摄影者如何拍摄出180°、270°、360°、720°的全景大片,以及后期一键拼接,让拍出的照片显得高端、大气。随书赠送7大资源:教学视频+PPT教学课件+电子教案+素材+效果+软件资源+习题答案。

书中具体内容包括拍前准备、相机设置、拍摄要领、拍摄实战、拼接合成、后期处理等,可以细分为以下三个方面。

一是设备:介绍了手机、普通相机、无人机、运动相机、全景相机等多种机型,拍摄全景大片,如风光、建筑、星空等。

二是软件:介绍了Photoshop、PTGui Pro、Insta360 App、720云等软件工具,用于一键接片与视频制作。

三是全景类型:介绍了横幅全景、竖幅全景、HDR全景、延时视频全景、骑行360°全景、旅行自拍360°全景、汽车360°全景、房间360°全景等拍摄类型,应有尽有。

本书适合喜欢用普通相机、无人机、运动相机来拍摄全景大片的摄影爱好者,同时也适合作为全景摄影相关专业的教材使用。

本书封面贴有清华大学出版社防伪标签,无标签者不得销售。
版权所有,侵权必究。举报:010-62782989,beiqinquan@tup.tsinghua.edu.cn。

图书在版编目(CIP)数据

大片这么拍!:全景摄影高手新玩法 / 构图君编著. -- 2版. -- 北京:清华大学出版社,2025.4.
ISBN 978-7-302-68533-3

Ⅰ.TB864

中国国家版本馆CIP数据核字第20258M14D1号

责任编辑:张 瑜
装帧设计:杨玉兰
责任校对:周剑云
责任印制:刘 菲

出版发行:清华大学出版社
网　　址:https://www.tup.com.cn,https://www.wqxuetang.com
地　　址:北京清华大学学研大厦A座　　邮　　编:100084
社 总 机:010-83470000　　邮　　购:010-62786544
投稿与读者服务:010-62776969,c-service@tup.tsinghua.edu.cn
质量反馈:010-62772015,zhiliang@tup.tsinghua.edu.cn

印 装 者:三河市铭诚印务有限公司
经　　销:全国新华书店
开　　本:185mm×210mm　　印　张:12.8　　字　数:256千字
版　　次:2018年8月第1版　　2025年5月第2版　　印　次:2025年5月第1次印刷
定　　价:79.80元

产品编号:099615-01

前言 PREFACE

摄影，是我与世界对话的语言；文字，是我与您分享心灵深处情感的工具。在这个纷繁复杂的世界中，摄影是我们记录时光、领略美好、分享情感的一种力量。全景摄影，是一门与时间和空间对话的精致艺术，通过技术的精湛呈现，我们能够感受到更加丰富、更加立体的画面，仿佛置身其中。

全景摄影不仅仅是技术的展示，更是摄影师对美的独到见解和对生活的深刻思考。每一张照片都是一个独特的故事，每一个场景都能带来一次心灵的震撼。在这个全景的画布上，我们看到了大自然的奇迹，也看到了摄影师对生命、对世界的热爱。

党的二十大报告指出，要加快建设现代化产业体系，构建人工智能等一批新的增长引擎，加快发展数字经济，促进数字经济和实体经济的深度融合，以中国式现代化全面推进中华民族伟大复兴。如今，人工智能技术为我们带来了全新的艺术体验和创作方式，推动了艺术创作的发展。

全景图像的拼接和融合是全景摄影中的重要环节。在这方面，人工智能的图像处理算法可以自动检测、匹配和融合多张照片，实现无缝的全景效果。这种智能处理能力使得全景摄影更容易实现，让摄影者可以专注于捕捉独特的场景和氛围。

这本书将引领读者穿梭于摩天大楼林立的城市，越过蜿蜒曲折的山川与河流，沉浸于辽阔壮丽的自然风光，并深入那些弥漫着历史气息的古老街巷。全景摄影，让我们能够以一种全新的方式体验世界，发现平凡中的非凡，感受日常中激动人心的瞬间。书中的每一张图片都是作者用心捕捉的瞬间，每一次全景的展示都是作者对生命深处的热切表达。希望通过这本书，能够与读者们分享作者对美的理解，与您一同走进这片覆盖着光影、故事和梦想的广阔画布。

本书的核心是帮助摄影者拍摄出180°至360°的全景大片。从静态图片到动态VR漫游，前期加后期，立马让您拍出的照片高端、大气、上档次！具体内容包括：快速了解全景摄影、全景相机与辅助器材、全景摄影的相关工具、设置好画面的拍摄参数、掌握拍摄的基本步骤、掌握全景的构图视角、手机拍摄全景、相机拍摄HDR全景、拍摄360°全景小星球、无人机全景摄影、运动相机VR全景以及相关软件的后期处理等。

在本书的写作中，作者有许许多多关于拍摄全景方面的经验，先与大家分享以下18个要点。

PREFACE

（1）所谓"全景摄影"就是将所有拍摄的多张图片拼成一张全景图片，它的基本拍摄原理是通过搜索两张图片的边缘部分，将成像效果最为接近的区域加以重合，以完成图片的自动拼接。

（2）全景构图是一种广角图片的构图方式，全景图这个词最早由爱尔兰画家罗伯特·巴克提出来的。全景构图的优点，一是画面内容丰富，大而全，二是视觉冲击力很强，极具观赏性价值。

（3）全景大片最大的亮点在于宽幅，是大画幅，拍摄的都是视角在180°以上的景象，有的视角甚至到了720°，突破了常规摄影的视野，画面更长、更宽，因此给人的视觉冲击全面、大气、高端、上档次！

（4）全景摄影在旅游出行、景区推广、酒店宾馆、房产楼盘、娱乐设施、虚拟景观等商业领域应用也越来越广，这给玩单反摄影的人带来了更多的商机。

（5）进行全景摄影时还需要使用一些辅助器材，如三脚架、全景云台、快门线等，这些器材可以让拍摄更加轻松、准确，而且还能提升稳定性，让照片的拼接效果和品质更佳。

（6）在拍摄全景照片时，建议大家手动设置色温值或者选择合适的白平衡模式，这样拍摄的多张照片的色温不会有差异，使拼接出来的全景作品色彩更加协调。

（7）使用相机拍摄全景照片前，还需要设置拍摄参数，如ISO、图像尺寸、文件格式、光圈、快门模式、测光曝光等，只有设置好这些参数，才能拍出满意的照片。

（8）8毫米鱼眼镜头在水平和垂直两个方向上可以拍摄到的视角为180°，如果是全画幅相机搭配8毫米的鱼眼镜头，围绕相机的竖直轴线在水平方向旋转360°，每相隔90°拍摄一张照片，保证有50%的画面重叠部分，只需要4张照片即可拍出360°全景照片。

（9）15毫米的镜头为直线标准镜头，可以拍摄到的视角为110°，如果是全画幅相机搭配15毫米的鱼眼镜头，围绕相机的竖直轴线在水平方向旋转360°，一圈拍下来只需要6张照片，每相隔60°拍摄一张照片，每张照片之间有25%～30%的重叠，即可生成一幅高质量的全景照片。

（10）全景摄影前期需要掌握8个步骤，依次为取景对象设最大尺寸、将测光系数设置为M挡、将对焦改手动模式、找共同点定拍摄类型、平移拍摄三分之一的画面重叠、查看照片多补拍几组、手挡镜头区分每组照片、后期合成裁剪调颜色。

（11）全景摄影有3个基本模式，即横列模式、纵列模式、矩阵模式，读者可以从简单的学起，这样不会觉得很难、很累。其中，矩阵模式是最难学习的，大家要记住一个要点，那就是每张照片的重复区域尽可能达到三分之一。

（12）全景摄影的构图原则是照片主题突出、画面主体明确、优先考虑前景、多观察上下区域。同时，还可以结合不同的角度，如平视、仰视、俯视等，平视和俯视角度拍摄全景是比较容易的角度，尤其是俯视，正所谓"站得高、看得远"，俯视能有助于展现更加广阔的场景。

（13）我们在拍摄360°全景小星球时，选择拍摄场景的画面中一定要有主体对象，例如选取城市中标志性的建筑物，这样的建筑物在全景图中可以成为视觉焦点，吸引观众的注意力。

（14）在拍摄360°全景小星球时，球形云台上需要安装全景分度拼接云台，目的是让相机在水平或垂直方向上以特定的角度逐步旋转，拍摄一系列有重叠区域的图像。在这个过程中，全景分度拼接云台的作用是确保相机在旋转过程中保持水平，并按特定的角度进行旋转，以避免在后期图像拼接时出现不对齐或者失真的问题。

（15）在拍摄360°全景小星球时，在云台上，保持水平和俯仰的刻度在0°，这就意味着相机的水平和垂直方向须与地平线保持平行，从而确保在后期图像拼接时，每张照片的角度信息是准确的，这样有助于获得更自然、无缝的全景拼接效果。

（16）无人机在高空中，所能拍摄到的风景是极为广阔的，所以全景拍照模式也是拍摄者必学的技能。在大疆无人机中，有4种全景模式，分别为球形全景、180°全景、广角全景和竖拍全景，这些模式能让你航拍出来的照片更加雄伟大气。

（17）PTGui Pro和Photoshop是常用的全景后期拼接软件，其中PTGui Pro更加专业，而且拼接功能也更加丰富，大家一定要熟练掌握其使用方法。Photoshop则更多的是进行全景拼接后的修补操作，如补天补地、消除重影和残影、校正偏色、修复瑕疵、校正和拉直地平线、锐化降噪、保护和扩展全景动态范围以及对全景局部进行调整润饰等。

（18）大家如果不满足平面的全景欣赏需求，也可以为全景作品添加360°以及720°的VR漫游效果，以获得更细腻的视觉享受。当然，也可以借助各种新式的全景设备来快速实现全景漫游效果，如Insta360运动相机、VR全景相机等。

随书赠送的教学视频，大家可以用手机扫描书中相应内容标题旁的二维码观看，其他素材、效果、课件等资源，可以微信扫描下面的二维码进行下载。

课件资源　　素材资源　　效果资源

本书由构图君编著，参与编写的人员还有柏品江、胡杨、苏高等人，特别是赵友提供了天空全景360°小星球的拍摄指导，在此表示感谢！由于作者知识水平有限，书中难免有疏漏之处，恳请广大读者批评、指正。

编　者

目录 CONTENTS

全景入门篇

第1章 新手入门，快速了解全景摄影   003

1.1 认识全景摄影   004

    1.1.1 什么是全景摄影   004
    1.1.2 全景摄影的发展历史   006
    1.1.3 全景摄影的特点优势   008

1.2 全景摄影的 3 种类型   011

    1.2.1 柱形全景   011
    1.2.2 球形全景   012
    1.2.3 对象全景   013

1.3 什么是 VR 全景图   015

    1.3.1 了解 VR 全景图   015
    1.3.2 VR 全景摄影的发展历程   016
    1.3.3 VR 全景照片的分类   017
    1.3.4 VR 全景摄影的特点   019

本章小结   020
课后习题   020

第2章 拍摄硬件，全景相机与辅助器材 021

2.1 全景摄影的拍摄器材 022
- 2.1.1 微单相机 022
- 2.1.2 鱼眼镜头 023
- 2.1.3 智能手机 024
- 2.1.4 无人机设备 026

2.2 VR 全景运动相机 030
- 2.2.1 Insta360 X3 运动相机 030
- 2.2.2 GoPro 运动相机 031
- 2.2.3 大疆（DJI）运动相机 032
- 2.2.4 理光全景相机 033

2.3 全景摄影的辅助器材 034
- 2.3.1 三脚架 034
- 2.3.2 全景电动云台 035
- 2.3.3 其他配件 036

本章小结 038
课后习题 038

第3章 必备软件，全景摄影的相关工具 039

3.1 全景摄影的后期软件 040
- 3.1.1 Photoshop 040
- 3.1.2 Lightroom 042
- 3.1.3 PTGui Pro 043

3.2 常用的全景摄影 App 044
- 3.2.1 Insta360 045

	3.2.2	小红屋全景相机	046
3.3		常用的 VR 全景分享平台	048
	3.3.1	720 云	048
	3.3.2	如视 VR	049
	3.3.3	全景助手	050

本章小结   051
课后习题   051

拍摄准备篇

第4章 拍前准备，设置好画面的拍摄参数   055

4.1		全景摄影的基本参数设置	056
	4.1.1	调整白平衡	056
	4.1.2	设置 ISO 感光度	058
	4.1.3	设置图像尺寸	059
	4.1.4	设置文件格式	060
4.2		确定全景照片的拍摄张数	061
	4.2.1	28 毫米镜头拍摄的照片张数	061
	4.2.2	8 毫米镜头拍摄的照片张数	064
	4.2.3	15 毫米镜头拍摄的照片张数	064
4.3		全景摄影的测光曝光技巧	065
	4.3.1	如何控制合适的曝光量	065
	4.3.2	不同测光模式的应用	067
	4.3.3	如何选择不同的曝光模式	067
	4.3.4	选择包围曝光非常重要	070

本章小结   071

课后习题 071

第5章 拍摄要领，掌握拍摄的基本步骤 073

5.1 全景摄影前期 8 个步骤 074

5.1.1 取景对象、设最大尺寸 074
5.1.2 测光系数、设置为 M 挡 075
5.1.3 转换对焦，改手动模式 075
5.1.4 找共同点、定拍摄类型 079
5.1.5 平移拍摄、三分之一重叠 080
5.1.6 查看照片、多补拍几组 080
5.1.7 手挡镜头、区分每组照片 080
5.1.8 后期合成、裁剪调颜色 082

5.2 全景拍摄的两种方法 084

5.2.1 单机位旋转法 084
5.2.2 多机位横拍法 085

5.3 全景摄影的 3 种模式 086

5.3.1 横列模式 086
5.3.2 纵列模式 087
5.3.3 矩阵模式 088

本章小结 089
课后习题 089

第6章 拍摄实战，掌握全景的构图视角 091

6.1 全景摄影的构图原则 092

6.1.1 照片主题突出 093
6.1.2 画面主体明确 094

6.1.3	优先考虑前景	095
6.1.4	多观察上与下	095

6.2 全景拍摄的 3 个常用角度 096

6.2.1	平视角度拍摄	096
6.2.2	仰视角度拍摄	097
6.2.3	俯视角度拍摄	097

6.3 拍摄大气十足的全景照片 099

6.3.1	180° 全景拍摄	099
6.3.2	270° 全景拍摄	099
6.3.3	360° 全景拍摄	104

本章小结 105
课后习题 105

实战拍摄篇

第7章 手机拍摄全景，旅游风光摄影 109

7.1 使用手机拍横幅全景 110

7.1.1	使用安卓手机拍摄横幅全景照片	110
7.1.2	使用苹果手机拍摄横幅全景照片	112

7.2 使用手机拍竖幅全景 114

7.2.1	使用安卓手机拍摄竖幅全景照片	114
7.2.2	使用苹果手机拍摄竖幅全景照片	115

7.3 手机拍同一个人多个动作的全景 116

本章小结 117
课后习题 118

第8章 相机 HDR 全景，风光拍摄与接片   119

8.1 拍摄 HDR 全景的准备工作   120

- 8.1.1 HDR 与 HDR 全景   120
- 8.1.2 拍摄前的注意事项   121
- 8.1.3 拍摄场景的选择   122
- 8.1.4 设置拍摄的曝光参数   123
- 8.1.5 开启 HDR 与连拍功能   125

8.2 HDR 全景照片的后期处理   127

- 8.2.1 对照片进行 HDR 全景合成   127
- 8.2.2 对照片进行初步调色处理   129
- 8.2.3 用灰度蒙版调整照片的光影   132
- 8.2.4 修饰照片的细节与添加人物   136

本章小结   137

课后习题   138

第9章 360°全景小星球，拍摄地标建筑   139

9.1 地标建筑拍摄案例   140

- 9.1.1 拍摄场景的选择   140
- 9.1.2 三脚架与全景云台的安装   141
- 9.1.3 保证相机的横向和垂直水平   142
- 9.1.4 保证水平和俯仰的刻度在 0°   143
- 9.1.5 设置曝光参数并对焦画面   143
- 9.1.6 全景小星球的拍摄步骤   145

9.2 全景照片的后期处理   147

- 9.2.1 利用 PTGui Pro 软件拼接全景图   147

9.2.2　在 Photoshop 中制作全景小星球效果　148
　　　9.2.3　将小星球照片导入 ACR 中调色　150
　　　9.2.4　对照片中的元素进行扭曲变形　153
　　　9.2.5　其他全景小星球的效果展示　155
本章小结　156
课后习题　157

第10章　无人机全景，4 种高空摄影实战　159

10.1　拍摄前的准备工作　160

　　　10.1.1　检查 SD 卡与电量　160
　　　10.1.2　设置拍摄辅助线　161
　　　10.1.3　设置照片的格式与比例　162
　　　10.1.4　设置视频的格式与色彩　163
　　　10.1.5　自动起飞与降落　163
　　　10.1.6　手动起飞与智能返航　165

10.2　航拍全景图的类型　166

　　　10.2.1　球形全景摄影　166
　　　10.2.2　180°全景摄影　168
　　　10.2.3　广角全景摄影　170
　　　10.2.4　竖拍全景摄影　171

10.3　制作 360°和 720°VR 效果　173

　　　10.3.1　制作 360°城市夜景小星球　173
　　　10.3.2　使用 720 云制作 VR 全景小视频　175

本章小结　176
课后习题　176

XI

第11章 运动相机 VR 全景，8 种拍摄效果 — 177

11.1 运动相机的设置方法 — 178
- 11.1.1 连接手机与运动相机 — 178
- 11.1.2 设置运动相机的拍摄模式 — 178
- 11.1.3 设置视频的分辨率与帧率 — 180
- 11.1.4 设置拍摄画面的曝光参数 — 181

11.2 运动相机的 4 种拍摄方式 — 182
- 11.2.1 环绕跟拍 — 182
- 11.2.2 高空跟拍 — 183
- 11.2.3 低空跟拍 — 184
- 11.2.4 轨迹延时 — 186

11.3 运动相机的 4 种拍摄场景 — 187
- 11.3.1 骑行拍摄 360° 全景 — 187
- 11.3.2 旅行自拍 360° 全景 — 189
- 11.3.3 汽车上拍摄 360° 全景 — 190
- 11.3.4 VR 样板房中拍摄 360° 全景 — 191

本章小结 — 192
课后习题 — 192

后期处理篇

第12章 Photoshop，4 种方式制作全景影像 — 195

12.1 使用 Photomerge 命令合成全景图 — 196

12.2 使用"自动对齐图层"命令合成全景图 — 198

| 12.3 | 使用 Camera Raw 合成全景图 | 201 |
| 12.4 | 通过二次构图将照片裁成全景图 | 204 |

本章小结 ... 206
课后习题 ... 206

第13章 PTGui Pro，一键拼接制作全景影像 ... 207

13.1 认识 PTGui Pro 的界面功能 ... 208

- 13.1.1 了解 PTGui Pro 工作界面 ... 208
- 13.1.2 了解"文件"菜单 ... 209
- 13.1.3 载入与编辑全景源图像 ... 209
- 13.1.4 编辑与优化控制点 ... 210
- 13.1.5 编辑全景图并输出图像 ... 211
- 13.1.6 掌握 PTGui Pro 相关设置 ... 212

13.2 使用 PTGui Pro 拼接全景图 ... 214

- 13.2.1 加载图像拼接全景图 ... 214
- 13.2.2 对全景源图像进行编辑处理 ... 216
- 13.2.3 调整全景图像中的控制点 ... 218
- 13.2.4 对生成的全景图进行编辑 ... 222
- 13.2.5 输出并保存全景图像文件 ... 224

本章小结 ... 225
课后习题 ... 225

第14章 Insta360 App,剪辑 360° 全景影像 227

- 14.1 剪辑全景视频的时长 228
- 14.2 设置全景视频的展现方式 230
- 14.3 添加关键帧制作全景视频 231
- 14.4 调整全景视频的色彩色调 232
- 14.5 为全景视频添加背景音乐 235
- 14.6 快速导出全景视频效果 237

本章小结 239
课后习题 239

全景入门篇

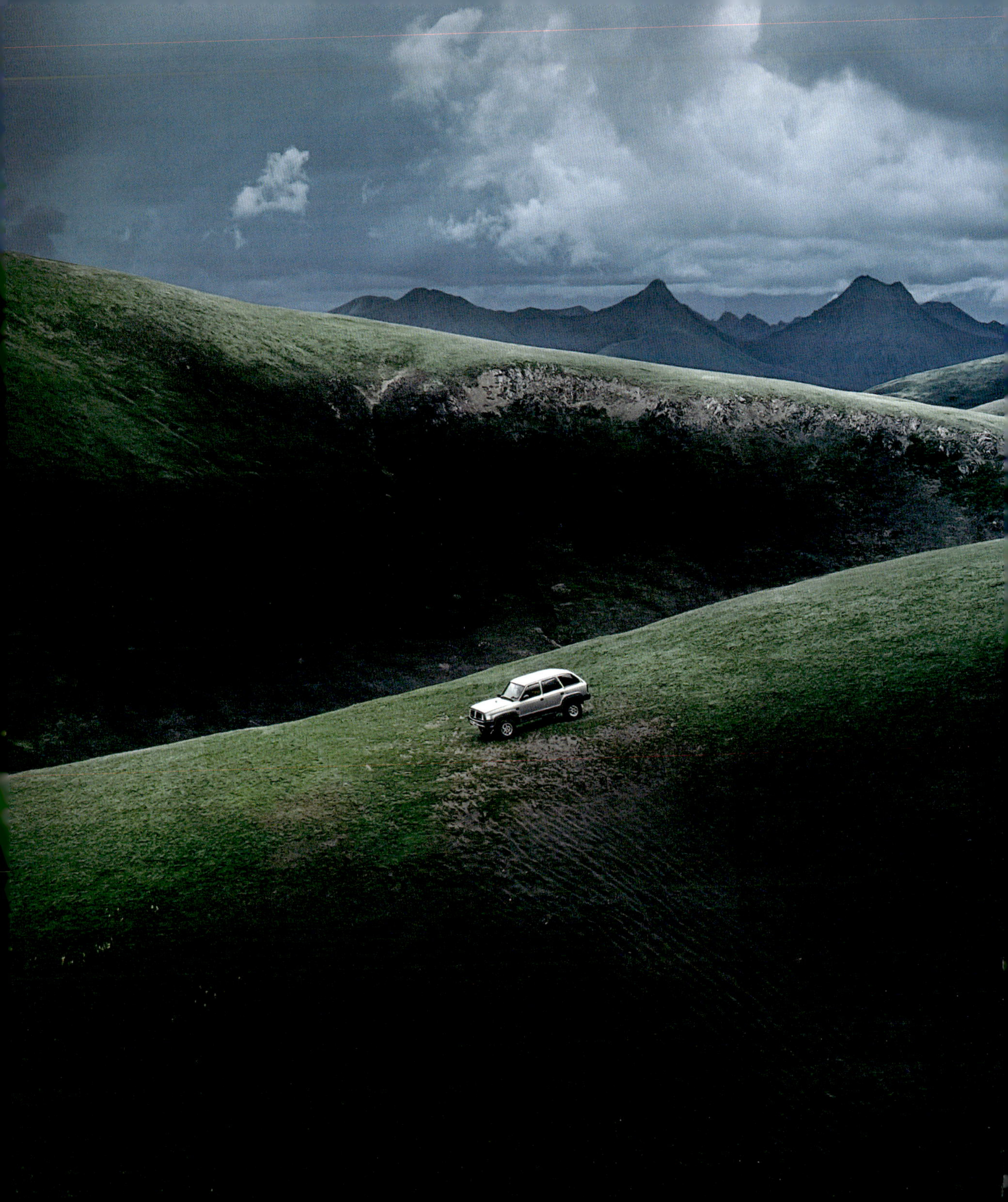

PART 01

第1章
新手入门，快速了解全景摄影

1.1 认识全景摄影

在没有数码影像技术的时代，人们想要得到全景照片，只能使用全景相机旋转拍摄或者在数码暗房中进行手工拼接，这对普通的摄影爱好者来说，都是难以做到的。

随着数码相机、摄影技术、后期软件的发展，我们可以通过相机和手机轻松拍摄出全景影像作品，而且能够非常方便地运用计算机进行后期处理。只要掌握了相关技术，任何人都可以尝试制作视角广阔的全景作品。

本节主要介绍全景摄影的基础知识，包括全景摄影的概念、发展历史以及特点等，为后面的学习奠定良好的基础。

1.1.1 什么是全景摄影

扫码看视频

所谓"全景摄影"就是将拍摄的多张图片拼成一张全景图片，它的基本拍摄原理是寻找两张图片的边缘部分，并将成像效果最为接近的区域加以重合，以完成图片的自动拼接。图1-1所示为在湖南大围山拍摄的全景摄影作品。

图1-1 在湖南大围山拍摄的全景摄影作品

图 1-2　长沙贺龙体育馆的全景照片

　　随着科技的发展，全景摄影技术得到了很大的提升。从早期手动多张拼接，到后来通过Photoshop等软件来自动拼接多张照片，再到智能手机具有"现拍现接"的全景拍摄模式，再到现在的全景运动相机能一键拍摄VR全景作品，不仅摄影成本在逐步降低，而且作品效果也变得越来越完美。图1-2所示为长沙贺龙体育馆的全景照片。

　　从以上展示的两幅全景摄影作品来看，全景照片画面具有宏伟大气的特点，无论是180°还是270°，甚至是360°，全景照片都能完美的表现主体，并完美表现主体。要达到这个效果，拍摄者需要掌握基本的拍摄技巧，并知晓相关全景拼接软件的应用方法。

1.1.2 全景摄影的发展历史

其实，古人很早就在探索全景构图了，如北宋画家张择端创作的传世之作《清明上河图》，其宽为25.2厘米，长更是达到了528.7厘米，此画采用了散点透视构图法，在500多厘米长的画卷里，展现了当时汴京城以及汴河两岸的自然风光和繁荣景象。图1-3所示为《清明上河图》的部分内容，这是比较古老的通过全景展现空间场景的艺术形式。到了近代，随着摄

图1-3 《清明上河图》的部分内容

影技术的发展，通过摄影来记录全景画面成为比较流行且可行的方式。在胶片摄影时代，人们尝试用各种宽幅相机、摇头相机以及旋转式相机来拍摄全景影像，但那时只能通过手工拼接的方式获得成品，而且也只能进行静态展示，使用的设备都非常昂贵，操作上也比较专业，对于普通人来说，这些都难以实现。

随着数码时代的到来，各种全景摄影器材不断涌现，为全景摄影带来了全新的创作手法，同时计算机、网络、单反相机的发展，让人们体验到了全景摄影的乐趣。图1-4所示为YT1200双轴电动

图1-4 YT1200双轴电动全景云台

006 大片这么拍！全景摄影高手新玩法（第2版）

全景云台，可以轻松实现360°旋转自动拍摄全影像。

如今，大部分的相机甚至手机都具备了"傻瓜式"的全景拍摄功能，无须后期处理即可轻松获得一张大气磅礴的全景照片。图1-5所示为华为P40手机中的全景拍摄功能。

图 1-5　华为 P40 手机中的全景拍摄功能

目前，一些手机内置的全景功能和全景App的开发使得手机全景摄影成为热门，无论是专业的摄影师还是摄影爱好者，利用手机内置的全景功能或者下载安装App，都可以随时随地拍出大气十足的全景照片，如图1-6所示。

图 1-6　全景照片

随着虚拟现实技术的发展，全景摄影不仅包括拍摄静态全景图像，还包括全景VR视频的制作，这一技术使得人们能够以更加沉浸的方式体验全景场景。例如，通过影石Insta360 X3运动相机即可一键拍摄720°的VR全景照片和全景视频，不需要通过另外的软件拼接合成。图1-7所示为使用影石Insta360 X3运动相机拍摄的室内VR全景视频效果。

图1-7 使用影石Insta360 X3运动相机拍摄的全景视频

1.1.3 全景摄影的特点优势

　　全景摄影为人们带来了一种新的摄影艺术形式，它可以在照片中拓宽人们的视野，而且还能带来沉浸式的看图体验，同时能够满足更多的摄影创作和商业需求。下面我们来了解一下全景摄影的优势。

　　（1）视角更大。全景摄影突破了普通相机固定的宽高比画幅，可以覆盖四面八方，同时包括水平360°和垂直360°方向上的景物，人们在欣赏时能够全方位、全视角地查看。图1-8所示为在巴丹吉林沙漠拍摄的竖幅全景摄影作品。

　　（2）交互更强。不同于传统的二维平面图像，全景摄影可以通过计算机和互联网技术，实现VR漫游功能。运用VR技术可以生成一种虚拟的情境，这种虚拟的、融合多源信息的三维立体动态情境，能够让观众沉浸其中，就像经历真实的世界一样。例如，很多电子地图就运用了全景摄影技术，让人们坐在电脑前就可以看到真实的街景，拥有身临其境的感受。图1-9所示为使用720云App制作的VR全景画面。

扫码看视频

图 1-8 在巴丹吉林沙漠拍摄的竖幅全景摄影作品

图 1-9 使用 720 云 App 制作的 VR 全景画面

第 1 章 新手入门，快速了解全景摄影

> **专家提醒**
>
> 虚拟现实技术就是一种仿真技术,也是一门极具挑战性的时尚前沿交叉学科,它通过计算机,将仿真技术与计算机图形学、人机接口技术、传感技术、多媒体技术结合起来。

（3）**形式更多**。全景摄影可以与各种多媒体形式结合来展现作品,如音频、视频、文字、动画、网页等都可以添加到全景作品中,从而提升人们的观赏体验。例如,在H5中运用720°全景技术,可以更好地展示企业的环境、产品等,适用于旅游景点、酒店展示、房产全景、公司宣传、商业展示、空间展示、汽车三维展示、特色场馆展示、虚拟校园、政府推广等多种场景的营销需求,可以让H5变成一个24小时不间断的在线展示窗口。

（4）**观赏性更强**。全景摄影可以容纳更多的景物和对象,对于不同的人来说,可以在其中选取和放大自己感兴趣的部分内容来浏览,由此可以产生不同的画面视觉效果,同时带来不同的氛围和感染力。

（5）**应用更广泛**。如今,全景摄影技术已经应用到各个行业中,如旅游、家具、房产、汽车、娱乐、酒店、学校、展览等,其与传统互联网和移动互联网媒体相结合,使得传播更便捷,交互更方便,形式更多样。

> **专家提醒**
>
> 很多汽车都具有全景倒车影像系统,其实就是利用全景摄影技术,在汽车的四周安装摄像头,然后通过无缝拼接的实时图像信息,形成一幅车辆四周无死角的360°全景俯视图,从而帮助驾驶者观察车辆的周边视线盲区。

1.2 全景摄影的3种类型

全景摄影技术出现的时间虽然比较早，但对很多人来说，这种摄影技术还相当新鲜，因此，大家需要多掌握一些全景摄影的基本知识。根据不同的全景展现形式，全景摄影可分为3种类型：柱形全景、球形全景、对象全景。

1.2.1 柱形全景

扫码看视频

柱形全景可以这样理解：**将相机放置于一个圆柱体的中央位置，然后朝着一个方向水平旋转360°，拍摄多张照片并进行拼接**，即可得到一张水平360°的柱形全景图，这是最为简单的全景虚拟图像，如图1-10所示。

通过柱形全景图，拍摄者可以浏览水平360°的景色。当然，在全景浏览器中查看时，只能用鼠标左右拖动，而不能进行上下拖动的操作，也就是说上下的视野被限制在一定的范围内，通常这个垂直视角要小于180°，无法看到天空和地面的全景。对于柱形全景来说，我们只需要上下各补拍一张照片，即可得到360°×180°的全景图。

举个很简单的例子，人的双眼就相当于两个镜头，可以捕捉位于人正前方左右两侧的画面景物，然后通过视觉神经传输到大脑拼合成一幅完整的画面，这样人就看到了前方的各种物体。而全景则是通过相机镜头捕捉位于人周围360°的画面来进行拼合。

当然，人眼的视角范围要更大一些，因为我们可以通过转动头部和身体，来观察前后、左右和上下的空间场景。

图 1-10 柱形全景图

1.2.2 球形全景

扫码看视频

球形全景就是用单反相机、无人机或者运动相机多角度环视拍摄前后、左右以及上下的天地，拍摄多张照片后经过拼接，即可得到一个圆球形状的画面场景，如图1-11所示，而视点则刚好位于这个圆球的正中央，可以实现360°×180°的全视角展示，如图1-12所示。

专家提醒

在观看球形全景图时，我们还可以放大、缩小画面进行更加细致的浏览。

另外，经过深入的程序编辑还可实现球形全景图场景中的热点链接、多场景之间虚拟漫游、雷达方位导航等功能。

图 1-11 圆球形状的画面场景

012　大片这么拍！全景摄影高手新玩法（第2版）

图 1-12　360°×180° 的全视角展示

1.2.3 对象全景

　　对象全景主要是用于展现某个对象的三维形象，运用360全景运动相机（例如影石Insta360 X3）在汽车的每个面拍一张全景照片，然后将拍摄的照片进行拼接合成，即可生成全景图。

　　浏览对象全景图时，我们可以拖动任意旋转被摄对象，多角度查看其3D全貌。对象全景图可以应用于展示各种物品，如玩具、汽车、文物、艺术品等。例如，在汽车厂商的车型页面中，可以进入到"3D看车"页面，然后旋转其中的汽车图片，进行多角度欣赏，如图1-13所示。

扫码看视频

第 1 章　新手入门，快速了解全景摄影　　013

图 1-13 汽车 3D 全景图

1.3 VR全景图

VR（Virtual Reality，虚拟现实技术）全景图是一种利用虚拟现实技术展示全景场景的图像，这种图像可以让观众得到仿佛置身于实际场景中的沉浸式体验。本节主要介绍VR全景图的相关知识，让大家对VR全景图有所了解。

1.3.1 了解VR全景图

VR全景图是一种图像类型，其目的是通过虚拟现实技术为观众提供沉浸式的观赏体验，这类图像涵盖整个360°的场景，使观众能够在虚拟现实设备或应用程序中感受到完整的环境。图1-14所示为使用无人机拍摄的球形VR全景图。

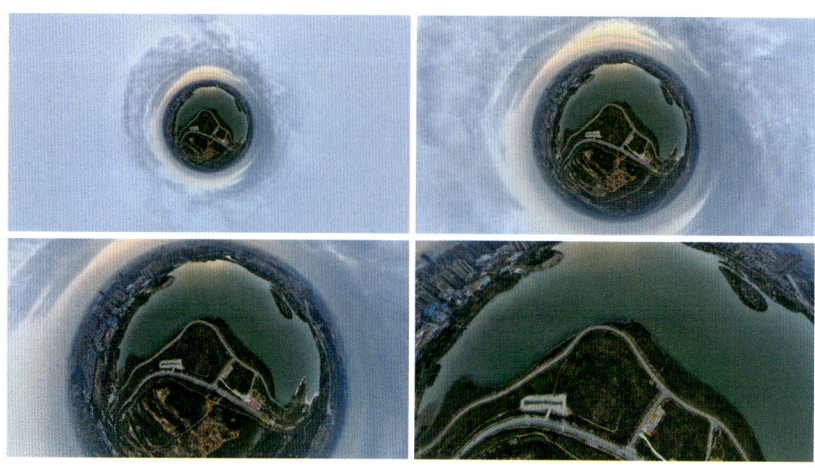

图 1-14 使用无人机拍摄的球形 VR 全景图

创建VR全景图需要特殊的拍摄技术，以便捕捉整个场景，用户可以通过使用全景相机、鱼眼镜头或者通过拍摄多张照片并将它们拼接在一起来实现，一些摄影师还会使用特殊的设备（如全景云台），以确保拍摄的图像可以完整而准确地覆盖整个场景。

第 1 章 新手入门，快速了解全景摄影　015

拍摄的图像在后期处理中经常需要进行拼接和校正，以确保衔接流畅的视觉效果。一旦创建好，VR全景图便可以在支持虚拟现实的设备上查看，如通过VR头盔或特定的VR应用程序，观众可以浏览整个场景，仿佛置身于实际环境中。

1.3.2 VR全景摄影的发展历程

扫码看视频

自2010年以来，VR全景技术取得了显著的进步，并逐步在各个领域得到了广泛应用。下面简单介绍VR全景摄影的发展历程，如图1-15所示。

初期发展阶段：在虚拟现实技术普及之前，全景图像的制作主要依赖传统的摄影技术。在20世纪90年代初，部分拍摄者通过多个鱼眼镜头拍摄多张照片，然后拼接在一起，生成全景图。尽管这种方法是有效的，但需要耗费很多的时间和精力，而且图像质量并不高

虚拟现实技术的兴起：随着数字摄影技术的迅速发展，摄影师可以更轻松地拍摄大量照片，并通过计算机软件进行后期合成。同时，也出现了一些专业的全景相机，如360全景相机，使得拍摄全景图变得更加方便

VR全景技术的成熟：进入21世纪，随着VR全景技术的不断成熟，VR全景摄影在旅游、房地产、教育、培训和娱乐等领域得到了广泛应用，这些图像不仅用于展示实际环境，还被用于创造虚拟世界和模拟场景，为用户提供身临其境的体验。此外，一些软件公司也开始推出专业的全景图像处理软件，使得全景图像的生成和处理变得更加容易和高效

图1-15 VR全景摄影的发展历程

1.3.3 VR全景照片的分类

按照用途的不同，VR全景照片可以分为不同的类别，每个类别服务于特定的目标和领域，下面进行相关讲解。

1. 虚拟旅游类全景照片

这类全景照片旨在提供虚拟旅游体验，让用户能够远程探索各种地方，包括自然景观、历史古迹等，如图1-16所示。旅游机构、在线地图服务商和文化遗产保护组织常常使用这种类型的照片，为用户创造身临其境的旅行体验。

图1-16 虚拟旅游全景照片

2. 房地产展示类全景照片

用于房产展示的全景照片对于房地产行业非常重要，通过这种照片，潜在买家可以通过虚拟方式浏览房屋内外，以及周围环境和社区设施，这有助于提高客户对房屋的了解，并促进房屋交易。图1-17所示为拍摄的室内VR全景照片，通过拖曳画面可查看室内其他区域。

图 1-17　拍摄的室内 VR 全景照片

3. 培训和模拟类全景照片

这类照片主要用于培训和模拟场景。例如，应急服务部门可以使用全景图像来模拟紧急情况，提供训练场景以提高工作人员的应对能力。同样，企业培训也可以通过虚拟全景场景提供更实际的学习体验。

4. 文化和艺术体验类全景照片

这一类别包括博物馆、画廊和艺术展览等场所的全景照片。通过这些照片，用户可以虚拟现实的方式在不同的文化和艺术场所中漫游，欣赏艺术品，甚至参与虚拟展览，这有助于推广文化和艺术，使更多的人能够远程体验各种文化活动。

5. 娱乐和体验类全景照片

这类全景照片主要用于娱乐和体验活动，包括主题公园、游乐场、演唱会等相关场景，这些照片可以增强用户的参与感，使其感觉自己仿佛置身于真实的活动现场，为娱乐和体验活动增加了趣味性。

每种用途的全景照片都有其独特的需求和设计考虑，以满足特定领域的需求，这种多样性使得VR全景摄影在不同行业和领域中都能够发挥重要的作用。

1.3.4 VR全景摄影的特点

VR全景摄影具有一些显著的特点，使其在虚拟现实和其他领域中得到了广泛应用。下面对VR全景摄影的特点进行相关讲解，如图1-18所示。

扫码看视频

360°全景覆盖 → 能够捕捉整个360°的环境，提供全方位的视角，这使得观众能够在虚拟现实设备中自由浏览，全方位观看

沉浸感和真实感 → VR全景摄影创造了一种沉浸式的体验，让观众感受到仿佛置身于实际场景中，这种沉浸感使其在虚拟旅游、房地产展示和文化体验等领域得到了广泛应用

多领域应用 → 由于其多功能性，VR全景摄影在各个领域都有广泛的应用，从旅游、房地产到教育和培训，再到娱乐和文化领域，VR全景摄影可以满足不同行业的需求

互动性强 → 通过虚拟现实设备，观众可以通过头部运动、手势或控制器进行互动，与全景场景进行交互，这种互动性增加了用户的参与感，使其能够更深入地探索和体验环境

适用于多平台 → VR全景照片可以在各种虚拟现实平台上查看，如VR头盔、移动设备和电脑等，这种跨平台的适用性增加了其灵活性，使得用户可以选择使用不同的设备来欣赏全景图像

图1-18 VR全景摄影的特点

第1章 新手入门，快速了解全景摄影 019

本章小结

　　本章主要向读者介绍了全景摄影与VR全景图的相关知识，首先介绍了全景摄影的基本概念、发展历史以及特点优势；然后介绍了全景摄影的3种类型：柱形全景、球形全景以及对象全景；最后介绍了VR全景图的相关知识，包括了解VR全景图、VR全景摄影的发展历史、VR全景照片的分类以及VR全景摄影的特点等。通过本章的学习，读者对全景摄影有了基本的了解，为后期的学习奠定了良好的基础。

课后习题

　　鉴于本章知识的重要性，为了帮助读者更好地掌握所学知识，本节将通过课后习题引导读者进行知识回顾和拓展。

　　1. 关于图1-19所示的球形全景照片，你知道有哪些摄影器材可以拍出来吗？

图1-19 球形全景照片

　　2. 如果按照全景照片的拍摄方式进行分类，可以分为哪几类？

PART 02

第 2 章

拍摄硬件，
全景相机与
辅助器材

2.1 全景摄影的拍摄器材

全景摄影由于拥有更好的观赏性和艺术性，因此得到了快速的发展，各类拍摄器材与辅助器材（附件）也随之产生。本节主要对全景摄影的相关器材进行简单介绍。

2.1.1 微单相机

扫码看视频

从理论上来说，所有类型的数码相机都可以用来拍摄全景照片，包括单反相机、微单相机、卡片相机、长焦相机和普通数码相机等。

当然，要想一键轻松、快速地拍摄出美观的全景照片，建议使用佳能R7微单相机，这是一款面向摄影爱好者的中端机型，如图2-1所示，其配备的图像感应器是新开发的APS-C画幅图像感应器，有效像素数最高约3250万，分辨率高。最关键的是，它还自带全景摄影模式，只需打开该功能，从左到右按住快门，然后转动相机，即可一键完成全景照片的拍摄，对于拍摄者来说十分方便。

在EOS系列中，佳能R7是第一款配备了全景拍摄功能的机型。打开全景拍摄模式后，相机以约5张/秒的速度连续拍摄并自动生成全景图像，一次最多可拍摄200张照片并自动合成，因此用户可以拍摄超过180°的大范围全景图像。横向全景照片的最大尺寸可达到30240×3248像素，纵向全景照片的最大尺寸可达4880×30240像素。相机在拍摄过程中发生抖动时，相机机身的防抖功能可补偿抖动，所以手持拍摄也能获得高清的画质，如图2-2所示。

图2-1 佳能R7微单相机

鱼眼镜头是拍全景不错的选择。鱼眼镜头其实是超

022　大片这么拍！全景摄影高手新玩法（第2版）

图 2-2 手持拍摄的全景照片

> **专家提醒**
>
> 当然，对于预算充足的用户，也可以选择佳能最新款功能更强大的R8微单相机。

2.1.2 鱼眼镜头

广角镜头中的一种特殊镜头，由于它的前镜片直径很短且呈抛物状向镜头前部凸出，看上去和鱼的眼睛非常像，因此俗称为"鱼眼镜头"。使用佳能的RF 5.2mm F2.8 L DUAL FISHEYE双鱼眼镜头来拍摄VR全景照片非常方便，双鱼眼镜头为用户提供了3D VR视频拍摄的解决方案，具备两个视角约190°的鱼眼镜头，重量仅约350克，十分小巧，如图2-3所示，其拥有F2.8的大光圈，大幅简化了3D VR视频的拍摄及制作过程，也大大降低了拍摄VR影片的成本。

扫码看视频

图 2-3 佳能的 RF 5.2mm F2.8 L DUAL FISHEYE 双鱼眼镜头

第 2 章 拍摄硬件，全景相机与辅助器材

RF 5.2mm F2.8 L DUAL FISHEYE双鱼眼镜头具有以下4个特点。

- 双鱼眼设计：这款镜头采用双鱼眼设计，能够提供极大的视场角，捕捉到非常宽广的景象，这使得它适用于全景摄影、虚拟现实和其他需要广角视角的场景。
- 光学性能：作为佳能的L（Luxury）系列镜头，RF 5.2mm F2.8 L DUAL FISHEYE 在光学性能上有着高标准，L系列代表着较高的光学质量和专业级的设计。
- F2.8 光圈：具有 F2.8 的大光圈，有助于在低光条件下拍出高质量的图像效果。
- 适用于 EOS R 系统：这款镜头是为佳能的全画幅无反相机 EOS R 系统设计的，因此具有 RF 卡口，与 EOS R、RP 等相机兼容。

专家提醒

鱼眼镜头可以让相机拍摄到更加宽广的全景画幅，使用鱼眼镜头拍摄的画面与人们眼中的真实景象存在很大的差别。

2.1.3 智能手机

智能手机的摄影功能在过去几年里得到了长足的进步，手机摄影也变得越来越流行，其主要原因在于手机拍照功能越来越强大、手机价格比微单相机更具竞争力、移动互联网时代分享传图更便捷等。手机拍照功能的出现，使摄影变得更容易实现。

如今，很多优秀的手机摄影作品甚至可以与单反相机媲美。随着高像素智能手机的普及，摄像头升级的加速以及一系列配置的升级，都会让数码相机市场受到严重的冲击。不得不说，如今的手机开发人员在拍照功能上十分用心，这就注定了手机摄影能够在全景摄影领域留下浓墨重彩的一笔。

目前，大部分的Android智能手机只需要一两千元，就具备几百万甚至上千万的拍照像素，而且大部分都具有全景拍摄模式，价格比入门级微单相机更具优势。图2-4所示为苹果手机中的全景模式，图2-5所示为华为手机中的全景模式，大家可根据需要自行选择。

大部分的智能手机都带有全景拍摄模式，尤其适合拍摄风景照片和街拍题材，可以获得相当震撼的画面效果，另外，使用手机拍摄全景照片后，还可以通过各种内置的App直接进行美化、分享等操作，而微单相机则需要通过数据线上传到电脑，然后下载特定的软件对其进行处理，再利用电脑网络进行分享，其操作难度和复杂程度远远大于手机，这也是手机全景摄影流行的一个重要原因。

图 2-4　苹果手机中的全景模式　　　　图 2-5　华为手机中的全景模式

> **专家提醒**
>
> 　　手机相机的全景模式可以实现照片的自动拼接，将连续拍摄的多张照片拼接为一张照片，从而实现扩大画面视角的目的。如今，人们看到美丽的风光时，首先就会拿出随时携带的手机拍照，拍完直接发到微博或者朋友圈，及时分享成为一件很快乐的事情。

　　图2-6所示为使用华为手机中的全景模式拍摄的风光全景照片，照片中广阔的景象，提供更丰富的视觉体验，使观者有一种身临其境的感觉。

第 2 章　拍摄硬件，全景相机与辅助器材　025

图 2-6　使用华为手机拍摄的风光全景照片

2.1.4 无人机设备

扫码看视频

大疆是目前世界范围内航拍平台的领先者，先后研发了不同的无人机系列，如大疆精灵系列（Phantom）、悟系列（Inspire）以及御系列（Mavic），都十分受航拍爱好者的青睐。

大疆公司在发布了大疆Mavic 3和大疆Mavic 3 Classic（经典款）之后，在2023年4月25日，重磅发布了Mavic 3系列的新款机型——大疆Mavic 3 Pro，如图2-7所示。大疆Mavic 3 Pro配备了三颗摄像头，支持全焦段光学变焦，影像能力更加强大。

图 2-7　大疆 Mavic 3 Pro

专家提醒

无人驾驶的飞机，我们简称为"无人机"，这种无人机是一种不载人的飞机，主要利用无线电遥控设备和自备的程序控制装置来操控机器的飞行，有一些无人机是由计算机来完全或间歇地控制飞行。现在，很多摄影爱好者都喜欢用无人机来摄影，这样可以用不同的视角进行拍摄，带领观众欣赏到更美的风景。

随着无人机技术的不断发展，我们可以通过无人机轻松拍摄出全景照片，在电脑中进行后期拼接也十分方便，只要把握拍摄要点，就能拍摄和制作出全景作品。大疆Mavic 3 Pro无人机中内置了4种全景模式，包括球形全景、180°全景、广角全景以及竖拍全景，如图2-8所示，任意一种全景模式都可以航拍出大气磅礴的全景摄影作品。

图 2-8 无人机中内置的 4 种全景模式

第 2 章 拍摄硬件，全景相机与辅助器材　027

图2-9所示为使用无人机的球形全景模式拍摄的风光照片效果，画面极具震撼力。

图 2-9　使用无人机拍摄的球形全景照

图2-10所示为使用无人机的180°全景模式拍摄的城市风光照片,画面宽广、大气。

图2-10 使用无人机的180°全景模式拍摄的风光照片

2.2 VR全景运动相机

VR全景运动相机是一种用于捕捉全景图像或视频的相机，通常应用于虚拟现实（VR）和增强现实（Augmented Reality，AR）领域，这类相机具备特殊的设计和功能，以便能够捕捉环绕式的场景，使用户在观看图像或视频时能够感受到真实世界中的全景感。本节介绍几款常用的VR全景运动相机，让大家对运动相机有所了解。

2.2.1 Insta360 X3运动相机

Insta360 X3是Insta360公司推出的一款全景运动相机，拍摄效果如图2-11所示。

Insta360 X3运动相机具有以下8大优点。

- 可拍摄5.7K运动HDR视频和7200万像素全景照片，以及8K全景延时视频。
- 最高可拍摄4K 30fps的超清广角视频或2.7K 170°的极广角画面。
- 1/2英寸4800万像素传感器，使画面更加生动细腻，让视频中的夜景表现更加出色。
- 自拍杆在画面中完全隐形，一个人自拍，也能轻松拍出低空的无人机跟拍效果。
- 运用超强的防抖技术和360°水平矫正功能，可以轻松拍出稳定的视频画面。

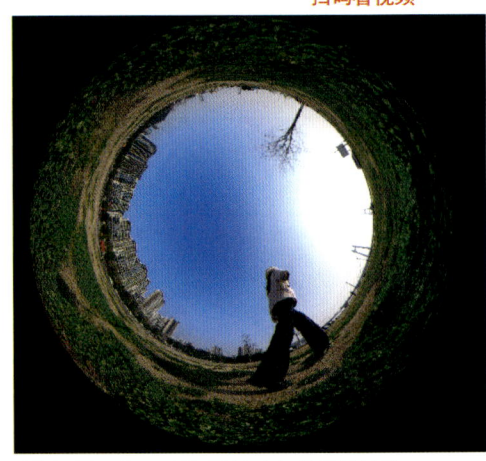

图2-11 Insta360 X3运动相机拍摄效果

- 2.29英寸超大钢化玻璃的触摸屏，使操作更加方便，使预览、回放更加便捷。
- Insta360 X3运动相机耐用抗造，具有10米防水性能，这款运动相机为运动而生，可以让用户安心拍出水下的自然风光。
- 具有AI智能剪辑功能，在Insta360 App中，包含多种创意模板，可以进行AI自动剪辑，操作十分简单。

2.2.2 GoPro运动相机

GoPro是一家美国运动相机厂商，由尼克·伍德曼（Nick Woodman）创立，成立于2002年。最初，公司的目标是设计和销售冲浪用的高清摄像机，后来发展成为全球知名的运动相机品牌之一，该公司的运动相机产品主要用于记录户外运动、冒险和极限运动等活动，为用户提供高质量的视频和照片。

GoPro的产品包括HERO系列和MAX系列，HERO系列是经典的运动相机，而MAX系列则专注于全景和360°拍摄。MAX系列的相机拥有多个镜头或传感器，能够捕捉全方位的场景，支持全景照片、全景视频以及独特的OverCapture功能，如图2-12所示。

图2-12 GoPro运动相机

GoPro运动相机在全景摄影方面的特点主要体现在以下几个方面。

- 全景拍摄模式：GoPro支持全景拍摄模式，允许用户通过相机内部的多个镜头或传感器捕捉360°全景图像。
- 360°全景视频：具备录制360°全景视频的功能，让用户能够在播放时全方位体验场景。
- OverCapture功能：这是GoPro的一项特色功能，允许用户在录制360°全景视频后，通过移动设备选择特定的视角和帧来创建标准视频，这种灵活性使用户能够在后期制作过程中更具创意地编辑内容。
- 流畅的全景拼接：GoPro运动相机采用先进的图像处理技术，确保在全景图像或视频的拼接过程中能够实现流畅、自然的过渡，减少拼接缝隙的出现。

- VR直播：支持将全景内容以VR格式进行实时直播，使观众能够在网络上以虚拟现实的方式参与活动。
- 高分辨率和质量：GoPro以高质量的相机传感器和镜头而闻名，这对于全景摄影至关重要，能够确保捕捉到的图像和视频具有良好的细节和清晰度。

2.2.3 大疆（DJI）运动相机

大疆创新科技成立于2006年，总部位于中国深圳，是一家全球领先的航拍和无人机技术公司。除了无人机产品，大疆还推出了一系列的运动相机和相关设备，如图2-13所示。

图2-13 大疆（DJI）运动相机

Osmo Action是大疆推出的一款运动相机系列，用于捕捉运动和户外活动，提供高质量的视频和照片，配备了先进的三轴稳定技术，确保其在运动中捕捉到的图像保持平稳和清晰，支持高分辨率的视频录制，以及高帧率的录制，以实现拍摄慢动作效果。

Osmo Action具备前后双屏设计，其中背面屏幕用于实时预览和设置，而前面的屏幕可用于自拍或确认拍摄角度。部分大疆运动相机支持高动态范围（HDR）拍摄，以及专利的RockSteady技术，能够提供更稳定的视频录制效果。

> **专家提醒**
>
> Osmo Action具备防水设计，可在水下一定深度范围内使用，使其适用于水上运动和潜水等场景。大疆的无人机产品和运动相机可以进行整合，使用户能够在飞行中捕捉到更为丰富的视角和画面。大疆运动相机在运动摄影领域具有一定的市场份额，其产品注重高质量的影像输出和创新的技术特性。

2.2.4 理光全景相机

Theta是理光推出的全景相机系列,如图2-14所示,其具有以下7个特点。

- 具有双镜头设计,允许用户一次性拍摄到前后两个方向的全景图像,从而创造出全景效果,消除了拼接多张照片的烦琐过程。
- 不仅可以拍摄全景照片,还能够录制全景视频,提供了更加生动的全景体验。
- 配备了高分辨率的传感器,以保证清晰度和细节,确保全景图像的质量。
- 使用了先进的图像处理技术,确保在拼接全景图像时能够实现无缝过渡,创造出自然、流畅的效果。
- 设计小巧轻便,方便用户随身携带,适用于旅行、活动记录等场景。
- 支持Wi-Fi连接,允许用户通过智能手机或其他设备进行远程控制,并即时查看和分享拍摄的全景作品。
- 理光为Theta系列的相机提供了一系列的应用程序,用于编辑、分享和浏览全景内容,丰富用户的体验。

图2-14 理光全景相机

2.3 全景摄影的辅助器材

要想拍摄出清晰、完美的全景影像效果，仅仅依靠高像素、高价格的相机镜头以及具备高超摄影技术的摄影师是远远不够的，还需要借助一些辅助器材，它们可以帮助你在拍摄时更好地稳固和移动镜头，快速完成全景影像的拍摄。

2.3.1 三脚架

三脚架在拍摄全景影像时，能很好地稳定相机或手机，以实现特定的摄影效果，如图2-15所示。

购买三脚架时注意，它主要起到一个稳定相机的作用，所以是否结实是需要重点考虑的因素。而且，由于三脚架经常被使用，所以又需要有轻便快捷、易于携带的特点。

三脚架的主要功能就是稳定性，为创作好作品提供一个稳定平台。 拍摄者必须确保相机或手机重量均匀分布到三条架腿上，最简单的确认办法就是让中轴与地面保持垂直。如果拍摄者无法判断是否垂直，也可以配一个水平指示器。

三脚架在拍摄全景影像时的基本作用如下。

（1）将相机或者手机固定在一个点上，在拍摄过程中，镜头可以将这个点作为中心进行转动，将其当作镜头前"入瞳"的位置。

（2）保证在转动拍摄过程中处于一个合适的水

图2-15 徕图三脚架

平位置，并且不能偏移这个点所在的水平线，保证所拍摄的照片处在相同的高度位置。

（3）在进行长时间曝光时，三脚架可以支撑相机和镜头的重量并保持稳定，使拍摄的图像不会出现模糊的问题。

2.3.2 全景电动云台

三脚架上面通常都配备了全景云台，同时带有水平校正仪，可以调整水平后再安装相机。在360°旋转拍摄过程中，至下一张拍照节点时，很多全景云台都会有"咔哒"声的触感反馈，可以帮助用户轻松控制全景拍摄。现在市面上有许多全景电动云台，只需要通过遥控器控制云台就可以360°旋转，操作十分方便，如图2-16所示。市面上，还有一些普通的全景云台，主要通过刻度来查看旋转时的拍摄角度。

图2-16 全景电动云台

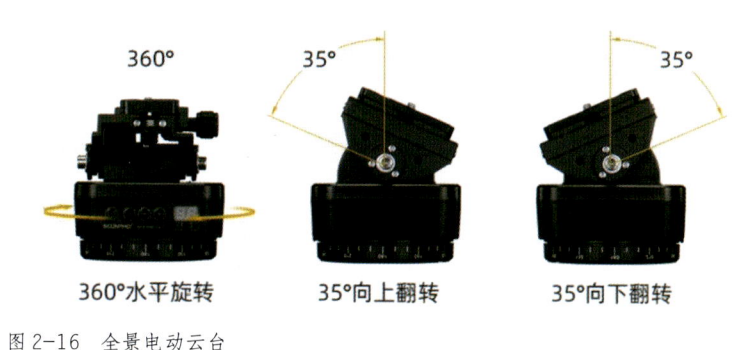

图2-17所示为使用全景电动云台拍摄的全景照片效果。

图 2-17 使用全景电动云台拍摄的全景照片效果

2.3.3 其他配件

除了上述介绍的两款全景摄影的辅助器材以外,还有一些其他的配件,大家可以了解一下,如快门线、全景高杆、八爪鱼等。

- 快门线

快门线可以支持对焦和快门等操作,这样我们在拍摄全景照片时,无需接触相机快门按钮,这样可以有效防止抖动,在拍摄星空全景照片时,非常有用,效果如图2-18所示。

- 全景高杆

全景高杆又称为高位全景摄像机、加高杆、摄影高杆等,承重可达8kg左右,与多功能电动摄影云台配合使用,可以最大化地展现各种摄影创意,能够轻松拍摄会议现场、模特走秀,拍全景、拍矩阵、拍建筑物,具有与众不同的视角,而且不用担心找不到好的角度,想怎么拍就怎么拍,让摄影作品独树一帜。

- 八爪鱼

八爪鱼支架有弹性能变形,而且携带方便,不占地方,利用身材矮小的优势,其在室内、室外都能使用,能够拍出平常拍不出的360°大片。

图 2-18 使用快门线拍摄的竖幅全景效果

本章小结

本章主要向读者介绍了全景摄影的拍摄器材与辅助器材，首先介绍了全景摄影的拍摄器材，如微单相机、鱼眼镜头、智能手机以及无人机设备等；然后介绍了VR全景运动相机，如Insta360 X3运动相机、GoPro运动相机、大疆（DJI）运动相机以及理光全景相机等；最后介绍了全景摄影的辅助器材，如三脚架、全景电动云台以及相关辅助配件等。通过本章的学习，读者对全景摄影的拍摄器材能够有一个基本的了解。

课后习题

鉴于本章知识的重要性，为了帮助读者更好地掌握所学知识，本节将通过课后习题引导读者进行知识回顾和拓展。

1. Insta360 X3运动相机在拍摄全景照片和视频上有哪些优点？
2. 图2-19所示为一款普通的全景云台，如何精准确定旋转时的拍摄角度？

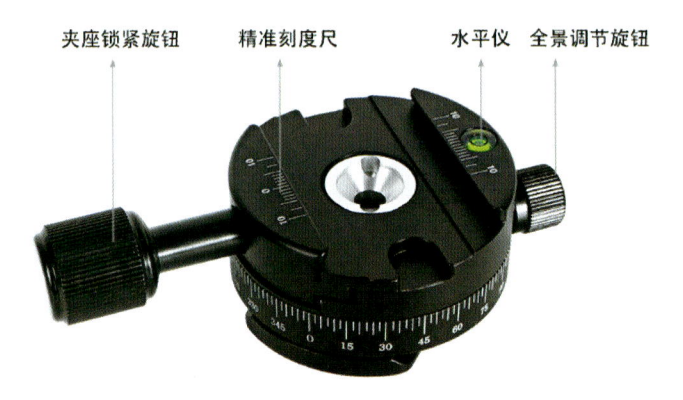

图 2-19　一款普通的全景云台

第 3 章
必备软件，全景摄影的相关工具

3.1 全景摄影的后期处理软件

对于使用数码相机的全景摄影者来说，后期处理相当重要。不同于普通的单幅照片拍摄，全景摄影的拍摄和创作都需要使用专业的软件和硬件工具，尤其是后期处理软件，它是将多张照片合成全景照片的关键所在。

3.1.1 Photoshop

扫码看视频

Photoshop是Adobe公司推出的一款图形图像处理软件，是目前最优秀的平面设计软件之一，被广泛应用于图像处理、图像制作、广告设计、影楼摄影等领域。Photoshop目前已经升级到Adobe Photoshop 2024版本，其界面如图3-1所示。

在全景后期拼接上，Photoshop虽然不如专业的拼接软件，但其在最终的图像处理上，如影调调整、润色和锐化处理等，有着不可替代的作用。而且，它还具有许多AI调色与AI创成式填充功能，成为创作者和设计师不可或缺的工具。图3-2所示为使用Photoshop拼接并处理好的全景摄影作品。

图 3-1　Adobe Photoshop 2024 工作界面

图 3-2　使用 Photoshop 拼接并处理好的全景摄影作品

3.1.2 Lightroom

Lightroom是Adobe公司出品的一款图像处理软件，主要用于处理各种RAW图像，此外还能用于JPEG、TIFF等普通数码照片的浏览、编辑、整理与打印等。相较于Photoshop，Lightroom更适合对RAW格式图片的编辑以及大批量图片的处理。

Lightroom 2024支持RAW格式的全景拼接，并且可以针对不同的视角效果进行选择，合成后一样能以RAW格式进行储存，如图3-3所示。

图 3-3　Lightroom 2024 工作界面

专家提醒

全景拼接的原理是将多张连续的照片拼接成一张全景照片。目前许多单反相机、便携式数码相机和智能手机都内置了这种功能。若是使用没有全景拼接功能的单反相机拍摄，用户也可以利用后期处理软件自行制作高画质、高像素的全景拼接照片。制作时，只要遵守一些拍摄法则与拼接步骤，一样可以轻松完成。

在预览全景图的时候，用户可以选择自动裁剪合并图像，以移去不需要的透明区域；还可以指定一个布局投影（球面、透视或圆柱），或让Lightroom自动选择合适的投影。

3.1.3 PTGui Pro

PTGui Pro可以同时运行于Windows与Mac OS操作系统平台，其照片拼接功能非常强大，可以将用户拍摄的多张照片合成为一张全景照片，如图3-4所示。

图3-5所示为使用PTGui Pro拼接完成的全景照片效果。

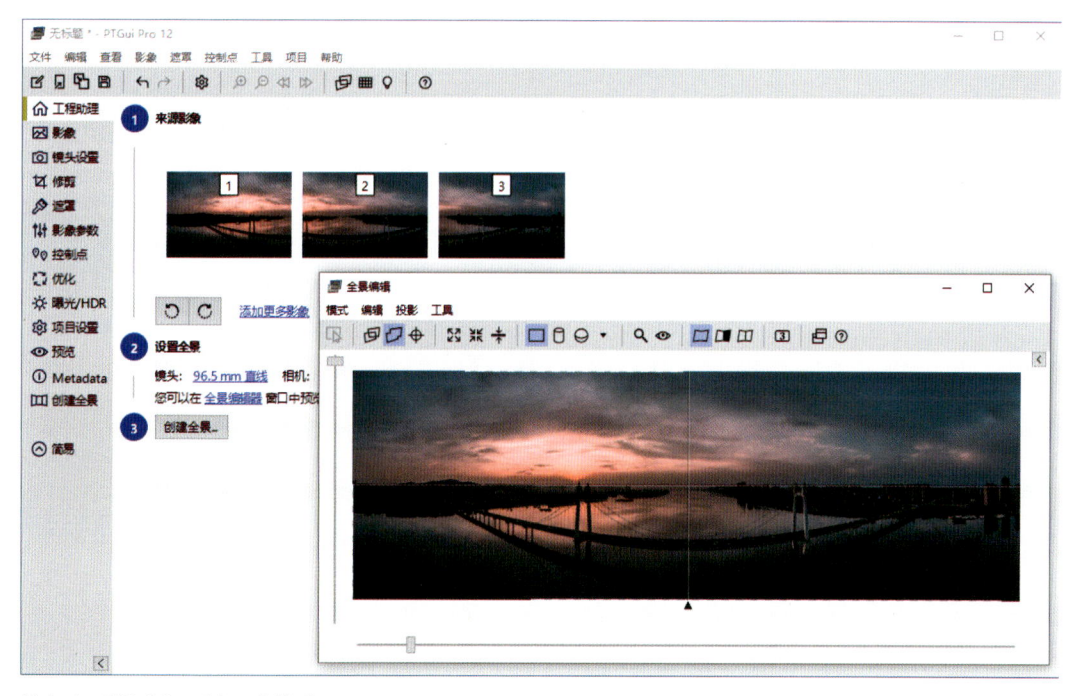

图 3-4 PTGui Pro 12 工作界面

图 3-5 使用 PTGui Pro 拼接完成的全景照片效果

3.2 常用的全景摄影App

　　如果想要用手机快速获得更好的全景效果，一款实用的手机App是必不可少的。我们可以在手机应用市场中下载并安装相关的全景摄影App，然后利用App对全景照片或全景视频进行后期处理，或者使用全景摄影App拍出更美观、更大气的全景照片效果。本节介绍几款常用的全景摄影App，不仅功能强大，操作还十分简便。

3.2.1 Insta360

扫码看视频

Insta360 App是Insta360公司提供的一款移动应用程序,主要用于与Insta360系列的全景相机配合使用,方便用户远程控制相机、查看拍摄画面、实时预览、管理存储内容、编辑和分享全景照片和视频等。图3-6所示为在Insta360 App中查看拍摄的视频效果。

下面对Insta360 App的功能和特点进行相关讲解。

- 控制相机:允许用户通过手机远程控制Insta360系列相机的各种设置和操作,例如拍摄模式、曝光参数、白平衡等。
- 实时预览:提供实时视频预览功能,用户可以在手机上实时查看相机镜头实际拍摄的画面,确保拍摄角度和构图。
- 传输文件:允许用户将相机中的照片和视频传输到手机,方便在移动设备上查看、编辑和分享。
- 编辑功能:包含一些基本的编辑工具,用户可以在手机上对全景照片和视频进行简单的剪辑、滤镜应用、颜色调整等处理。

- 分享社交媒体：集成了社交媒体分享功能，用户可以直接通过App将编辑好的全景内容分享到各种社交平台。
- 固件升级：允许用户通过App进行相机固件的升级，以获取最新的相机功能。
- 云服务：Insta360相机支持与Insta360的云服务集成，用户可以将照片和视频存储在云端，方便进行文件的备份和共享。

图3-6 在Insta360 App中查看拍摄的视频效果

3.2.2 小红屋全景相机

小红屋全景相机App是小红屋360°全景相机的专属App，可以帮助拍摄者利用智能手机来进行相机的操控和管理，同时还可以实现实时预览、拍摄、全景拼接、图片管理、查看电量等功能，如图3-7所示。

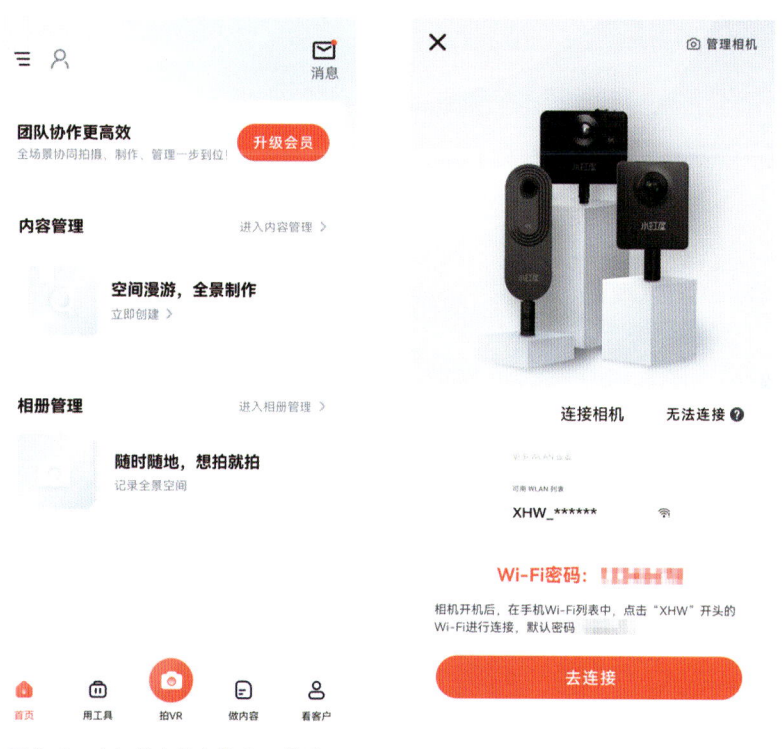

图 3-7 小红屋全景相机 App 界面

下面对小红屋全景相机App的功能和特点进行相关讲解。
- 实时预览：用户可以在拍摄过程中通过手机 App 实时预览拍摄画面，方便调整相机位置、角度和拍摄参数，确保拍摄效果符合预期。
- 全景拼接：小红屋全景相机 App 集成了全景拼接功能，允许用户在拍摄过程中或拍摄后即时在手机上进行全景图像的拼接工作，省去传输到电脑端进行烦琐处理的步骤。
- 智能手机控制：小红屋全景相机 App 允许用户通过智能手机进行相机操控，包括拍摄、全景拼接、电量查看等。

3.3 常用的VR全景分享平台

VR全景分享平台是一种在线服务平台，允许用户上传、分享、浏览全景图像和视频内容，这些平台支持虚拟现实（VR）技术，使用户能够以沉浸和交互的方式体验全景内容。本节介绍几款常用的VR全景分享平台。

3.3.1 720云

扫码看视频

720云是一家提供全景图像和视频分享服务的平台，旨在让用户能够上传、分享和浏览全景照片和视频，允许用户将自己拍摄的全景照片和视频上传至平台，这些内容可以来自各种全景相机、智能手机等设备，如图3-8所示。

图 3-8 720云 App 界面

> **专家提醒**
>
> 720云App提供了一个交互式的浏览环境,用户可以在360°全景中探索场景,以及查看其他用户分享的内容,通过VR头戴显示器等设备可以更加深入地体验全景内容。

3.3.2 如视VR

扫码看视频

如视VR是一款功能强大的三维空间采集App,只需要按照界面中的提示,简单几步即可实现空间的完整复刻,自动生成可供浏览、分享、营销使用的VR链接,获得沉浸式的观看体验,如图3-9所示,它还支持多种拍摄方式,包括手机拍摄和专业设备拍摄。

图 3-9　如视 VR App 界面

> **专家提醒**
>
> 如视VR已被超过200个品牌采用,广泛应用于地产销售、文旅数字化、施工记录、设计师量房、线上营销以及医疗教学等领域。如视VR App适用于个人用户和专业用户,提供了多种拍摄方式和功能,以满足不同用户在全景拍摄和VR体验方面的需求。

3.3.3 全景助手

全景助手App是一款专注于帮助无人机爱好者拍摄和编辑全景照片的应用程序，旨在为他们提供简单、易上手的工具，以更轻松地拍摄、编辑和分享全景作品。图3-10所示为使用全景助手App拍摄的竖幅全景作品。

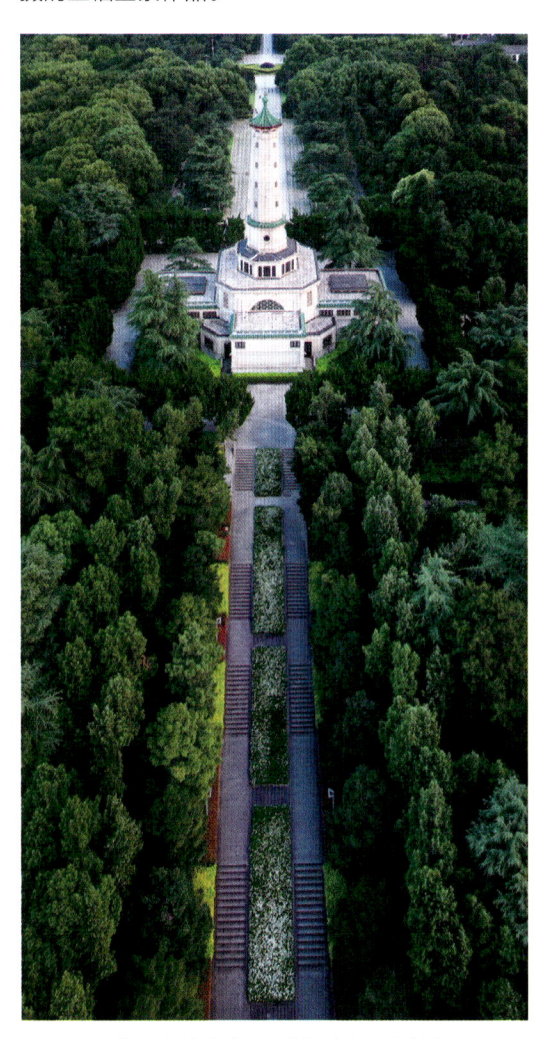

图 3-10　使用全景助手 App 拍摄的竖幅全景作品

> **专家提醒**
>
> 全景助手App提供了一键拍摄全景的功能,简化了全景拍摄的操作流程,使用户能够更快捷地捕捉到广阔的景象。并且,它还支持用户将拍摄好的全景作品分享到社交媒体或其他平台,以展示他们的创作,与他人进行互动。

本章小结

本章主要向读者介绍了全景摄影的相关工具,首先介绍了全景摄影的后期软件,如Photoshop、Lightroom、PTGui;然后介绍了常用的全景摄影App,如Insta360、小红屋全景相机;最后介绍了常用的VR全景分享平台,如720云、如视VR以及全景助手等。通过本章的学习,读者对全景摄影的必备软件能够有一个基本的了解。

课后习题

鉴于本章知识的重要性,为了帮助读者更好地掌握所学知识,本节将通过课后习题引导读者进行知识回顾和拓展。

1. Insta360 App有哪些功能?
2. 除了本章介绍的几款软件,你还知道哪些常用的全景摄影后期处理软件?

拍摄准备篇

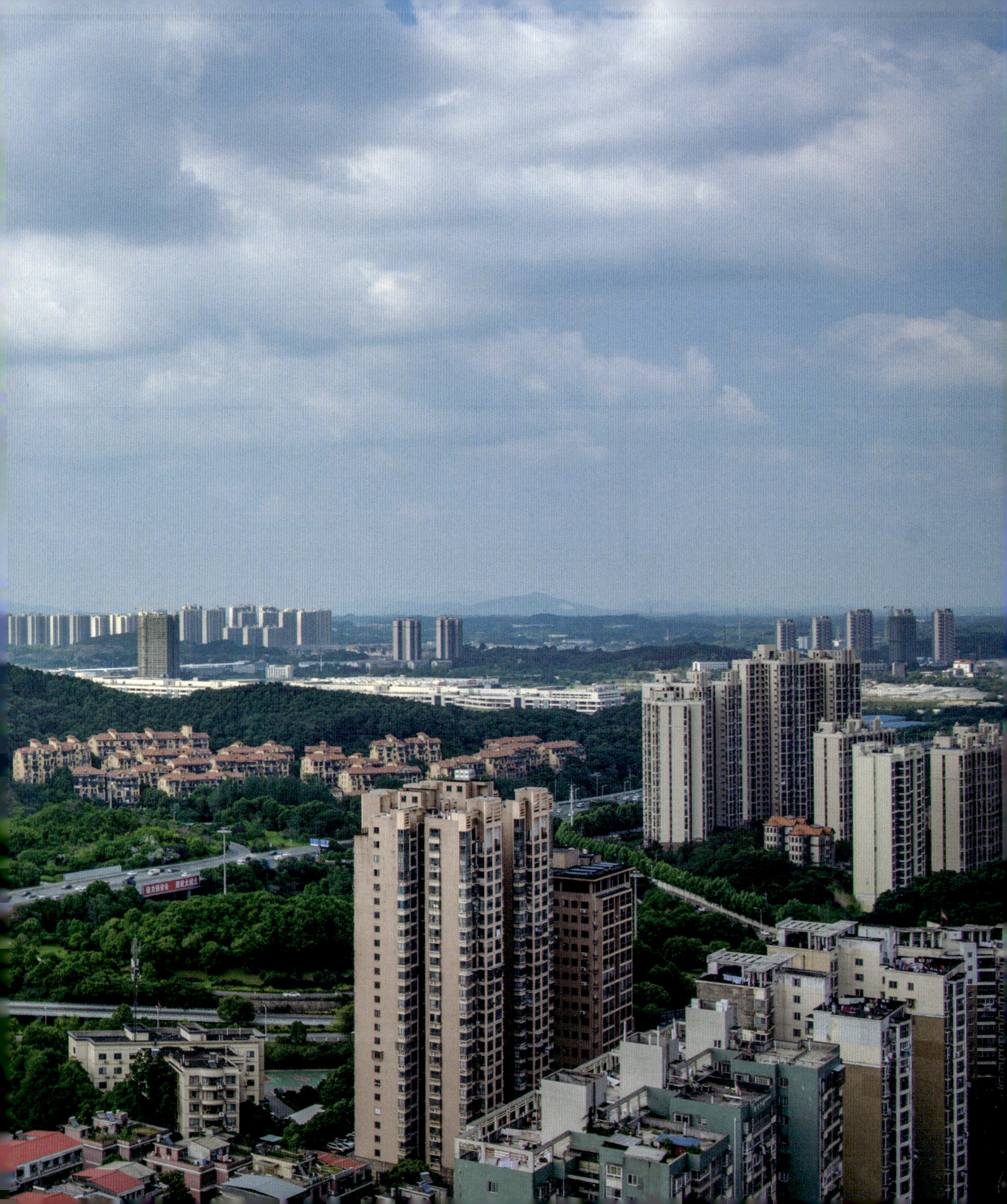

PART **04**

第 4 章
拍前准备，设置好画面的拍摄参数

4.1 全景摄影的基本参数设置

在使用数码相机或者智能手机拍摄全景照片之前,还需要设置拍摄的相关参数,以及选择合适的拍摄模式,这样才能拍出出高清的画面效果。本节主要介绍全景摄影的基本参数设置技巧,帮助大家拍出满意的全景作品。

4.1.1 调整白平衡

扫码看视频

在拍摄全景照片时,建议大家**手动设置色温值或者选择合适的白平衡模式,这样拍摄的多张照片的色温不会有差异,从而使拼接出来的全景作品色彩更加协调。**

白平衡调整就是设置整个画面的色温,通常有自动、晴天、白炽灯、阴天、日光灯等多种模式,我们在拍摄时根据现场光源的类型进行选择即可。

(1)**自动白平衡模式**:可以比较准确地还原画面的色彩,如图4-1所示,不过容易产生偏色的情况。

(2)**晴天白平衡模式**:适合在晴朗的天气下进行户外拍摄,如图4-2所示,画面中的色温非常温和,色彩还原度高,接近实际场景观看效果。

图 4-1　自动白平衡模式

图 4-2　晴天白平衡模式

（3）白炽灯白平衡模式：通常用于室内灯光照明的拍摄环境，可以营造出一种偏蓝的冷色调效果。

（4）阴天白平衡模式：适合在阴天或者多云的天气下使用，可以使环境光线恢复正常的色温效果，得到精准的色彩饱和度，同时可以营造出一种泛黄的暖色调效果。

（5）日光灯白平衡模式：适合在日光灯环境下使用，可以营造出一种偏蓝的冷色调效果。

用数码相机拍摄全景照片时，设置合适的白平衡模式可以确保被拍摄对象的色彩不受光源的影响。我们也可以根据画面色温，来调整白平衡模式。

4.1.2 设置ISO感光度

扫码看视频

ISO感光度就是相机镜头对光线的敏感程度，感光度数值越高，对光线越敏感，拍出来的画面就越亮；反之，感光度数值越低，画面就越暗。因此，我们可以通过调整感光度将全景照片的曝光和噪点控制在合适范围内。但注意，感光度越高，噪点就越多。

拍摄全景时感光度的调整方法为：一是ISO采用自动模式，二是根据光线进行调整。晚上拍照时因为非常容易出现噪点，所以建议用自动或低感光度进行拍摄，如图4-3所示。同时，还需要协调好相机的感光度和快门速度，注意曝光时间不能太长，否则画面会产生过多的噪点，影响全景作品的画质。

图 4-3 用低感光度拍摄的全景作品

4.1.3 设置图像尺寸

扫码看视频

在拍摄的图像尺寸上，建议大家选择相机最大的图像尺寸，这样可以为后期的图片提供更多的处理空间。例如对画面进行裁剪，由于前期拍摄的图像尺寸大，即使对画面进行了裁剪，裁剪之后的照片依然很清晰。但是，如果前期拍摄的图像尺寸很小，裁剪之后的照片就会更加模糊。

所以，在拍摄之前，建议选择相机最大的图像尺寸来拍摄全景作品。下面以尼康D850相机为例，介绍设置相机图像尺寸的操作方法：按下相机左上角的MENU（菜单）按钮，进入"照片拍摄菜单"界面，选择"图像尺寸"选项，如图4-4所示。进入"图像尺寸"界面，选择NEF（RAW）选项，其中显示了多种图像尺寸，这里选择"大"选项，如图4-5所示，下面显示了照片的尺寸大小。

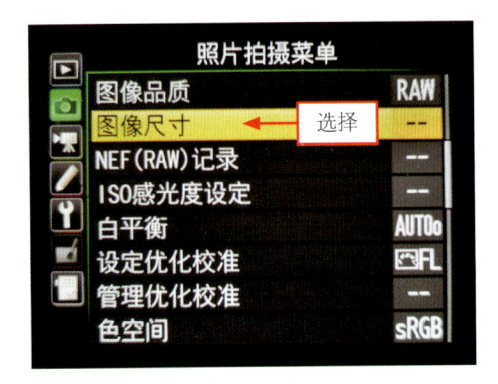

图 4-4 选择"图像尺寸"选项　　　　　图 4-5 选择"大"选项

4.1.4 设置文件格式

传统大画幅相机的特点是能够将拍出的照片放大至巨幅尺寸，并且成像清晰、质感真切，影调与色调层次细腻动人，色彩饱和逼真，具有一定的感染力、震撼力和冲击力。因此，在拍摄全景照片时，应尽量选用RAW格式，并将拍摄的像素尺寸设置为最大。下面以尼康D850相机为例，介绍设置文件格式的操作方法：进入"照片拍摄菜单"界面，选择"图像品质"选项，如图4-6所示。按下OK按钮，进入"图像品质"界面，选择NEF（RAW）选项，如图4-7所示。保存设置，即可完成RAW格式的设置。

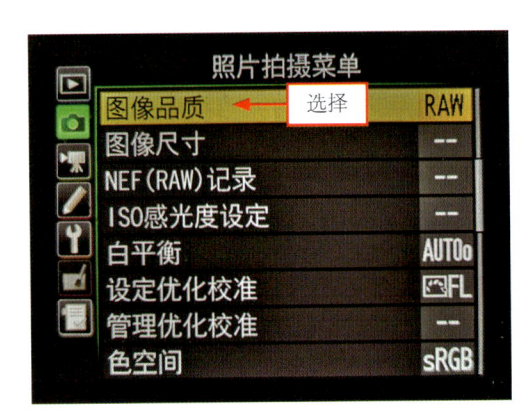

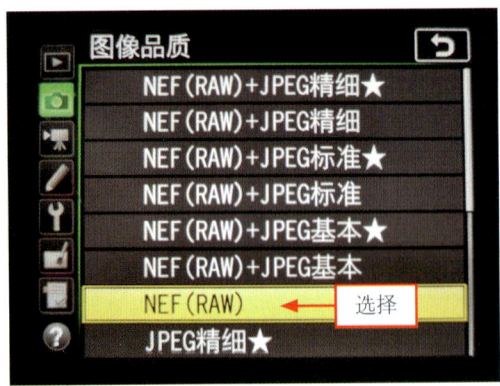

图 4-6 选择"图像品质"选项　　　　　图 4-7 选择 NEF（RAW）选项

4.2 确定全景照片的拍摄张数

全景照片的拍摄张数因不同的拍摄设备、不同的相机镜头而有所不同。一般来说，拍摄一张完整的球形全景照片需要捕捉到整个水平和垂直方向的景象，因此，就需要多张照片来覆盖整个视野。本节主要介绍全景摄影中不同镜头所需要拍摄的照片张数。

4.2.1 28毫米镜头拍摄的照片张数

扫码看视频

在拍摄全景照片时，我们要知道所使用的镜头视角越大，拍摄的张数就越少。一般情况下，手机的直线镜头等效焦距为28毫米，以28毫米的镜头为例，对应的视场角是75°，而且每相邻2张照片之间要有25%的重合，此时要想拍摄出一张360°×180°的全景照片，每朝着一个方向水平旋转75°，一圈拍下来需要10张照片。

竖边的视场角为60°，我们需要上仰45°、水平0°、下仰45°共拍摄3圈，每36°拍摄一张照片，每一圈需要拍摄10张照片，一共需要拍摄30张照片。另外，垂直向上横竖补天需要拍摄2张照片，垂直向下横竖补地需要拍摄2张照片，一共需要拍摄34张照片，才能拼合成一个完整的球形VR全景图。

如图4-8所示，如果只想拍摄一张180°的全景照片，只需要使用28毫米的镜头拍摄5张照片进行拼接即可，每张照片之间有25%~30%的重叠，如图4-9所示。

图 4-8　180°的全景照片

图 4-9　每张照片之间有 25%～30% 的重叠

062　大片这么拍！全景摄影高手新玩法（第 2 版）

第 4 章 拍前准备，设置好画面的拍摄参数

4.2.2 8毫米镜头拍摄的照片张数

8毫米鱼眼镜头在水平和垂直两个方向上可以拍摄到的视角为180°，如果是全画幅相机搭配8毫米的鱼眼镜头，朝着一个方向水平旋转360°，一圈拍下来只需要4张照片即可。鱼眼镜头的取景角度可以达到180°，也就是说理论上拍摄前后两张照片即可得到360°的全景画面，但是为了保证相邻的2张照片之间至少有一部分重叠，再加上鱼眼镜头的边缘会产生较大的变形，所以前后左右可以每隔90°拍摄一张照片，保证有50%的画面重叠部分，一圈下来拍摄4张照片，即可生成较高的全景画质内容。

4.2.3 15毫米镜头拍摄的照片张数

15毫米的镜头为直线标准镜头，可以拍摄到的视角为110°，如果是全画幅相机搭配15毫米的鱼眼镜头，朝着一个方向水平旋转360°，一圈拍下来只需要6张照片，每隔60°拍摄一张照片，每张照片之间有25%～30%的重叠，即可生成一幅高质量的全景照片。

对于VR全景摄影的用户，通常会使用8～15毫米的鱼眼镜头进行拍摄，这样可以大大提高拍摄效率，从而减少后期拼接与处理的时间。下面向大家介绍不同焦距的镜头拍摄VR全景照片对应的拍摄张数。

- 24毫米的直线镜头，每转动36°拍摄1张照片，360°需要拍摄10张照片，一共需要拍摄3圈，即上仰45°、水平0°、下仰45°各一圈，补天补地共拍4张，一共需要拍摄34张照片。
- 18毫米的直线镜头，每转动45°拍摄1张照片，360°需要拍摄8张照片，一共需要拍摄3圈，即上仰45°、水平0°、下仰45°各一圈，补天补地共拍4张，一共需要拍摄28张照片。
- 14～16毫米的鱼眼镜头，每转动60°拍摄1张照片，360°需要拍摄6张照片，即可拼接成全景照片。
- 12毫米的鱼眼镜头，每转动72°拍摄1张照片，360°需要拍摄5张照片，即可拼接成全景照片。

4.3 全景摄影的测光曝光技巧

要想成为一个优秀的全景摄影师，必须对光线具有敏锐的感知力，懂得如何发现和运用光线，控制和处理画面的曝光，从而获得自己所希望的画面效果。在全景摄影中，测光曝光至关重要，它往往可以决定一幅作品的最终质量。因此，我们一定要学习全景摄影的测光曝光技巧，让照片曝光更准确，画面更清晰，从而拍出漂亮的全景作品。

4.3.1 如何控制合适的曝光量

扫码看视频

曝光并没有正确和错误的说法，只有合适或不合适。全景摄影包含的画面场景非常大，你可能要同时面对顺光、侧光、逆光等多种情况，很难做到准确的曝光处理，因此只能选择相对合适的曝光，这里有3个技巧。

（1）如果准备拍摄6张照片，其中4张照片的曝光比较良好，那么剩下的2张则以前面的4张曝光作为依据。

（2）如果你要突出画面中的某个主体，也可以将该主体对象所在的照片曝光作为依据，调整好适合的曝光参数，拍摄其他照片时则以主体照片作为曝光前提。

（3）计算画面的顺光、侧光、逆光3个不同光线方向的测光数据并进行加权平均，以此作为画面的曝光依据，这样可以获得曝光均衡的画面，不会出现局部的高光过曝，整个画面的直方图也比较平衡，如图4-10所示。

当环境中的光线太暗或太亮的时候，我们就可以手动来增加或减少相机的曝光补偿。增加曝光补偿有两种方式：一种测光对焦，优点是方便操作，缺点是有时会失灵；二是手动增加曝光补偿，此时可以将EV曝光补偿调出来，现场测试不同参数的效果。

图 4-10　曝光均衡的全景画面

4.3.2 不同测光模式的应用

测光模式是用相机测定被摄对象亮度的功能。根据测光范围不同，测光模式具有多种方法，我们在不同的相机上会看到3种以上的测光模式，如点测光、中心重点测光、平均测光。为了获得正确的画面曝光，我们需要了解这些测光模式各自的特征，在拍摄不同的全景场景时以进行更好的区分使用。

（1）点测光：使用该模式时，相机只会对画面中的小部分区域进行测光，准确性比较高，可以得到更加丰富的画面效果。

（2）中心重点测光：将测光参考的重点放在画面中央区域，可以让此部分的曝光更加精准。同时，中心重点测光模式也会兼顾一部分其他区域的测光数据，同时让画面的背景细节得到保留，中心重点测光模式适合拍摄主体位于画面中央的场景，如图4-11所示。

（3）平均测光：也可以称为矩阵测光或多重测光，使用该模式可以快速获得曝光均衡的画面，不会出现局部的高光过曝，整个画面的直方图也比较平衡。

4.3.3 如何选择不同的曝光模式

相机的曝光模式通常有手动曝光、快门优先、光圈优先等，如图4-12所示，在拍摄全景照片时可以根据实际情况进行选择，也可以多尝试几种曝光模式去拍摄，看看有何区别，然后根据自己的审美来选择合适的曝光模式。

图 4-11 使用中心重点测光模式拍摄的全景照片

图 4-12 相机的曝光模式

（1）手动模式（M挡）：这是全景摄影的最佳曝光模式，可以保证旋转拍摄中的每张照片都处在一个固定的曝光值范围内，从而让后期拼接的画面质量更好。

（2）自动曝光模式（P挡）：该模式不适合用于全景摄影。使用自动曝光模式时，每次旋转拍摄，画面的景深、曝光量、感光度等都会产生变化，极大地影响后期拼接质量。

（3）快门优先模式（S挡）：这种模式主要是根据手动设定的快门，相机会自动调整光圈值来与其匹配，从而实现正常的曝光水平。

（4）光圈优先模式（A挡）：拍摄者通过手动设置光圈值，然后由相机进行测光，根据测光结果来自动调整相机的快门速度，对于画面的景深控制得特别好。

4.3.4 选择包围曝光非常重要

由于全景场景具有高动态范围的特点，因此选择包围曝光对于全景摄影来说非常重要。**包围曝光主要是针对同一场景拍摄多张照片，相机会利用不同的曝光数据来进行拍摄，从而更好地找到曝光合适的照片。**对于全景摄影来说，采用包围曝光的方式可以最大限度地捕获画面的曝光数据，重现场景中的高动态范围。

采用包围曝光时，通常要拍摄两张以上不同曝光值的照片，如果场景中的光线环境比较复杂，则需要多拍几张，然后在后期采用高动态软件制作HDR色调映射图片，或者使用Photoshop对这些照片进行合成处理，保证场景中的各个元素达到正确的曝光。

图4-13所示为采用包围曝光后期合成HDR拼接的全景图片，在这种光线复杂的情况下可以确保最终效果。

图4-13 采用包围曝光后期合成HDR拼接的全景图片

扫码看视频

本章小结

本章主要介绍全景照片拍摄前的相关准备工作，拍摄者需要设置好画面的拍摄参数，如调整白平衡、设置ISO感光度、设置图像尺寸、设置文件格式等，还需要根据不同的镜头焦距确定全景照片的拍摄张数，掌握全景摄影的测光与曝光技巧等。通过本章的学习，读者能够掌握全景摄影的相关准备工作，从而提高拍摄的效率，一次即可拍出完美的全景作品。

课后习题

鉴于本章知识的重要性，为了帮助读者更好地掌握所学知识，本节将通过课后习题引导读者进行知识回顾和拓展。

1. 白平衡有哪几种模式？拍全景照片时应该如何调整白平衡？
2. 相机的曝光模式有哪几种？包围曝光的作用是什么？

PART **05**

第 5 章
拍摄要领，掌握拍摄的基本步骤

5.1 全景摄影前期8个步骤

当我们了解全景摄影的基本知识,并做好全景摄影的拍摄准备后,即可开始第一次拍摄全景照片了。不过,对刚入门的新手来说,还需要了解全景摄影前期的8个步骤,必须一步步进行,掌握那些必须牢记的关键点。

5.1.1 取景对象、设最大尺寸

扫码看视频

我们首先要做的是选择取景对象,即选择拍摄题材。如今,单反相机和手机都具有非常优秀的拍照功能,再加上各种强大的拍照附件,几乎可以满足所有的全景拍摄题材。因此,我们只要掌握一定的全景摄影技巧,并且对自己喜欢的拍摄对象做一些深入的研究,即可轻松拍出与众不同的全景作品。

图5-1所示为在海边拍摄的游轮全景照片。拍摄前选取了游轮侧边的一个位置,将游轮作为画面的主体对象,放置在画面的中央,这样可以拍出游轮的全景,但需要提前计算好拍摄的开始点和结束点,同时还需要将画面尺寸设置为最大,这样可以容纳更广阔的场景。还要将照片设置为RAW格式,这样才能最大限度地保证全景照片各个细节部分的清晰度。

图5-1 在海边拍摄的游轮全景照片

5.1.2 测光系数、设置为M挡

以尼康D850为例，拍摄全景照片时，可以利用自动曝光模式（P挡）对取景对象进行分区测光，记下相应数值，然后调到手动挡，按下相机右侧的info（参数设置）按钮，如图5-2所示；进入相机参数设置界面，调好各参数值，如光圈、快门、ISO等，如图5-3所示。

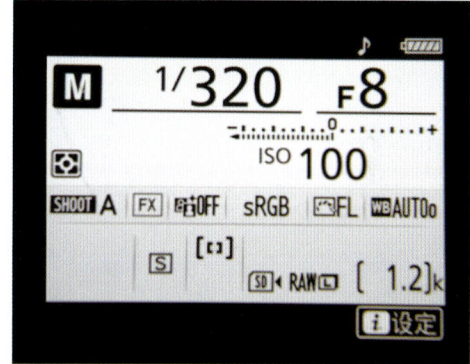

图 5-2 按下 info（参数设置）按钮

图 5-3 调好各曝光参数值

图5-4所示为使用M挡拍摄的全景照片效果，画面曝光正常，色彩真实。

5.1.3 转换对焦，改手动模式

通常情况下，在相机上可以看到AF/MF功能按钮，其中AF（全称为Auto Focus）代表自动对焦，MF（全称为Manual Focus）代表手动对焦，将对焦模式开关调整到MF，切换为手动对焦，如图5-5所示。

缓缓转动镜头上的对焦环进行对焦操作，如图5-6所示。在放大显示状态下，可以看到焦点在发生改变，确认合焦位置后，按"缩小"按钮缩小显示画面，得到合适的对焦效果后，按下"快门"按钮拍摄一张照片，然后查看拍摄的效果。

图 5-4 使用 M 挡拍摄的全景照片效果

图 5-5 切换为手动对焦

图 5-6　镜头上的对焦环

第 5 章　拍摄要领，掌握拍摄的基本步骤　077

图5-7所示为使用MF手动对焦模式拍摄出来的全景照片效果，画面清晰有质感。

图 5-7 使用 MF 手动对焦模式拍摄出来的全景照片效果

5.1.4 找共同点、定拍摄类型

可以通过相机的取景框或肉眼观察场景的周围特征，确定拍摄模式和类型，如横拍、竖拍或者矩阵模式等，这些都要事先确定好。

例如，在拍摄下图这组全景照片时，首先在画面中寻找一些共同点，最明显的莫过于江景风光和建筑，在前期拍摄的3张照片中都包含了江景风光和建筑，这个共同点有利于后期进行拼接。图5-8所示为拍摄的贺龙体育馆全景照片，画面中的共同点是这个体育馆的观众席，这个共同点有利于后期进行拼接。

图 5-8　贺龙体育馆全景照片

5.1.5　平移拍摄、三分之一重叠

在进行全景拍摄时，注意相机要水平移动，而且每张照片的大小应均等。由于每个人使用的相机镜头类型和取景范围不一样，因此拍摄的照片数量也有差别，如3张、4张、6张或者更多，但是不管拍多少张，都要将取景的画面进行均分。例如，在拍摄180°全景时，如果打算拍6张照片，那么每张照片的旋转角度则为30°，并且要让各个照片之间的重叠部分大小一致（在第4章的第2节中有详细的图片解说，这里不再重复讲解）。

5.1.6　查看照片、多补拍几组

每拍完一组，注意查看照片的重叠部分和预留面等。重叠部分前面已经说过了，预留面主要是为了照顾全景照片的两侧，因为在旋转拍摄过程中，镜头难免会产生偏移和畸变等问题，尤其是照片左、右部分的画面水平非常不对称，如图5-9所示。

因此，为了更好地保留画面的尺寸和细节，不至于后期裁剪掉过多的主体部分，我们在前期拍摄时需要多对两侧的天地部分进行补拍，使后期拼接更加完整。

5.1.7　手挡镜头、区分每组照片

拍的照片多，很容易乱，记得用手挡住镜头拍摄一张照片作为分界点，如图5-10所示，这样后期调整时可以很好地对每组全景照片进行区分，避免混乱或拼接错误。

图 5-9 照片左、右部分的画面水平非常不对称

图 5-10 用手挡住镜头拍摄一张照片作为分界点

专家提醒

这里只是以手挡镜头拍摄一张照片作为分界点，告诉大家如何区分每组照片，拍摄者也可以选择其他的方式作为每组照片的分界点，只要能达到区分每组全景照片的目的即可。

5.1.8 后期合成、裁剪调颜色

通过专业软件进行后期合成后，还可以使用Photoshop进行适当的裁剪、调色以及AI（Artificial Intelligence，人工智能）处理等。图5-11所示为拍摄的巴丹吉林沙漠全景照片，其呈现的是经过Photoshop进行后期裁剪、色彩调整、画面修饰以及AI处理后的效果。

图 5-11　拍摄的巴丹吉林沙漠全景照片

5.2 全景拍摄的两种方法

全景摄影的出现，让普通的照片变得高大上起来，使很多人对其产生了浓厚的兴趣。当然，拍摄全景照片并非易事，拍摄方法也比较多，本节主要介绍全景拍摄的两种方法。

5.2.1 单机位旋转法

扫码看视频

单机位旋转法是拍摄全景最常用的一种方法，也就是说拍摄水平或者垂直方向的全景画面，用户可以左右水平旋转相机，或者上下垂直旋转相机。

通常情况下，将相机固定在一个比较好的取景位置，然后沿着水平方向旋转就可以拍摄180°弧形角度到圆形360°全景，如图5-12所示；而上下旋转则取景范围比较有限，角度通常只能达到220°。

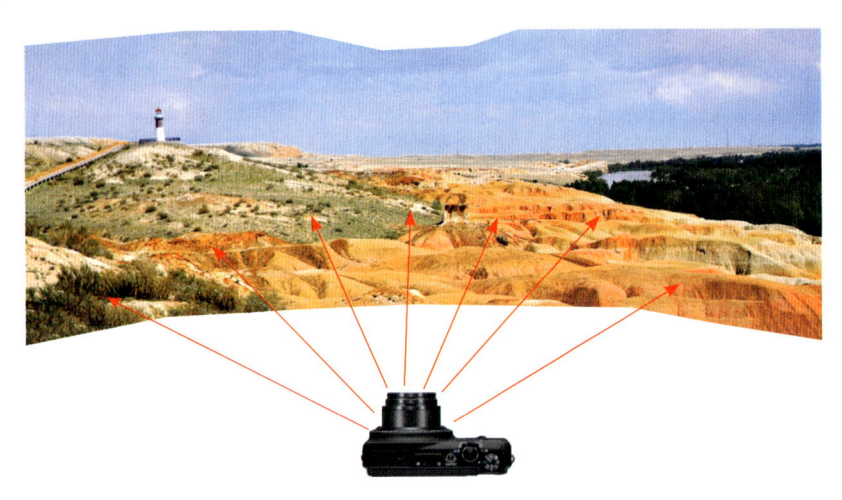

图 5-12 拍摄 180°弧形角度

图5-13所示为采用单机位旋转法拍摄的五彩滩地貌，通过竖拍横列的形式，设置旋转角度为110°左右，拍摄了7张照片，并拼接合成为全景画面。

图 5-13 采用单机位旋转法拍摄的五彩滩地貌

5.2.2 多机位横拍法

扫码看视频

与单机位旋转法的固定机位不同，多机位横拍法可以有多个机位，每个机位拍摄一张或多张照片，如图5-14所示。多机位横拍法的特点是畸变小，适合拍摄要求不能变形的场景，如壁画。这种拍法的3个要点为：

（1）相机高度与被摄物一致，镜头断面与被摄物平面要平行；
（2）移动距离与被摄物距离相匹配；
（3）定位的点和点的距离要相等。

图 5-14 多机位横拍法示意图

第 5 章 拍摄要领，掌握拍摄的基本步骤　085

5.3 全景摄影的3种模式

要想表现出画面的壮阔，全景照是最佳选择。首先要掌握正确的拍摄模式，拍摄一系列照片，然后用后期处理软件将它们拼接在一起，这样就可以创作出壮观的全景作品。本节主要介绍全景摄影的三种模式：横列模式、纵列模式以及矩阵模式。

5.3.1 横列模式

横列模式是最为常见的一种模式，单元照之间呈"一行"左右排列，包括横画幅横列和竖画幅横列两种形式。横画幅横列，即采用相机横拍的形式，沿水平方向旋转拍摄，可以用较少的照片数量拍摄出水平大画幅的全景效果；竖画幅横列，即采用相机竖拍的形式，沿水平方向旋转拍摄，可以拍摄到上下取景范围更大的全景影像作品。

图5-15所示为采用横画幅横列的方式拍摄的沙漠全景照片，这里一共拍摄了4张照片。

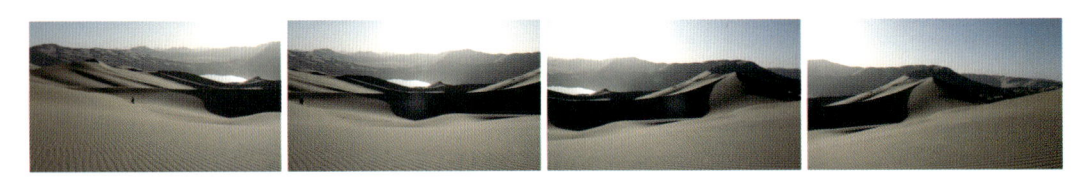

图5-15 采用横画幅横列的方式拍摄的沙漠全景照片

图5-16所示为采用竖画幅横列的方式拍摄的沙漠全景照片，一共拍摄了5张照片。

图5-16 采用竖画幅横列的方式拍摄的沙漠全景照片

5.3.2 纵列模式

纵列模式是指单元照之间呈上下排列的方式，可以体现出垂直方向上的空间感。图5-17所示为采用纵列模式拍摄的新疆大海道全景照片，其将天空与地景同时纳入到画面中，去除了横向画面中多余的元素，给欣赏者带来一种上下延伸的感受，从而更好地表达画面主题。

图5-17 采用纵列模式拍摄的全景照片

5.3.3 矩阵模式

矩阵模式可以说是横列模式+纵列模式的结合，由多行多列单元照组成，它也可以是混合的。图5-18所示为在浏阳大围山拍摄的银河拱桥照片，这里采用横握相机的方式，从左向右拍摄了4行照片，每行照片为5张，即采用了20张4×5矩阵模式拍摄完成的作品。

图5-18 在浏阳大围山拍摄的银河拱桥照片

本章小结

本章主要介绍了拍摄全景照片的基本步骤，首先介绍了全景摄影前期8个步骤，如确定取景对象、设置最大尺寸、设置为M挡、改手动模式、确定拍摄类型、查看照片补拍几组以及后期合成裁剪等；然后介绍了全景拍摄的两种方法，如单机位旋转法、多机位横拍法；最后介绍了全景摄影的3种模式，如横列模式、纵列模式以及矩阵模式。通过本章的学习，读者可以更顺利地拍摄好全景作品。

课后习题

鉴于本章知识的重要性，为了帮助读者更好地掌握所学知识，本节将通过课后习题引导读者进行知识回顾和拓展。

1. 请分别讲解单机位旋转法和多机位横拍法的具体含义和拍摄方法。
2. 请使用自己手中的相机，尝试拍摄出一幅如图5-19所示的横画幅全景作品。

图5-19 横画幅全景作品

PART **06**

第6章
拍摄实战，掌握全景的构图视角

6.1 全景摄影的构图原则

全景摄影的第一步就是学会如何构图，无论是数码相机还是手机全景摄影，构图都是非常重要的一步，没有好的构图就无法体现主题，整张照片就是失败的。全景摄影构图需要从基础到深入，采用不同的表现手法来表现画面主题。本节主要介绍全景摄影的基本构图原则，让大家对所要拍摄的画面有一个基本的掌控。

6.1.1 照片主题突出

扫码看视频

一幅好的全景照片首先要有鲜明的主题（也称题材），或是表现一个人，或是表现一件事物，甚至可以是表现一个故事情节，并且主题必须明确，毫不含糊，使任何观赏者一眼就能明晰主题。

通常来说，常见的摄影主题有人像、风光、建筑、生活纪实等，每种主题都有相应的标准。以图6-1所示的城市车流夜景作品为例，这是一张以"高架桥夜景"为主题的全景照片，采用横画幅全景构图的形式，表现的是高架桥上的夜景风光。

图6-1 以"高架桥夜景"为主题的全景照片

6.1.2 画面主体明确

主体就是全景照片中的拍摄对象,是主要强调的对象,可以是人或者是物体,主题也应该围绕主体展开。一幅好的全景照片必须能把观者的注意力引向被摄主体,其中的关键就是焦点清晰准确、主体醒目。图6-2所示为一幅城市公园风光照片,拍摄的主体就是中间的烈士纪念塔,画面主体在正中央位置,一眼就能看出来。

图6-2 城市公园风光照片

6.1.3 优先考虑前景

对于成功的全景作品来说，前景通常是"标配"，如果画面缺少前景和创意，那么大画幅的全景可能会给观众带来空旷、松散、主题不明确、主体不突出的感觉。因此，在进行全景取景构图前，一定要优先考虑和安排画面中的前景，可以将主体对象作为前景，也可以将其他的客体作为前景，最好可以展现出画面的生机感。

6.1.4 多观察上与下

在进行全景画面的取景构图时，应多观察画面的上下两部分，尽可能避开那些不适合的物体。同时，观察需要单独补拍的底部和顶部，然后再通过相景的取景器查看一次，做好确认，避免产生疏漏。

对于全景摄影来说，我们需要认真对待和处理画面的每一个细节，不要放过任何一个细微之处，这些细节往往是作品质量的关键所在。总之，拍摄时多留心观察，环视场景中各个对象，确保构图的准确性。

6.2 全景拍摄的3个常用角度

在全景摄影中，不论是用手机，还是相机，从不同的拍摄角度拍摄同一个物体的时候，照片呈现出来的效果区别也是非常大的。不同的拍摄角度会带来不同的感受，并且选择不同的视点可以将普通的被摄对象以更新奇、更别致的方式展示出来。

6.2.1 平视角度拍摄

扫码看视频

平视是指在用相机或手机拍摄时，平行取景，取景镜头与拍摄物体高度一致，拍摄者常以站立或半蹲的姿势来拍摄，这样可以展现画面的真实细节。在拍摄全景时，平视可以将视觉中心放置于画面正中央，以获取全景画面的中间部分。

图6-3所示为使用手机拍摄的全景作品，采用非常普通的平视角度拍摄，可以将城市夜景中的建筑、江景以及桥梁都纳入到画面中，拍摄出的画面非常正规。

专家提醒

关于平视构图我们总结了6种方法：平视正面构图、平视右侧面构图、平视左侧面构图、平视左斜面构图、平视右斜面构图、平视背面构图，具体的拍摄方法大家可以关注"手机摄影构图大全"公众号。

图 6-3 采用平视角度拍摄的全景作品

6.2.2 仰视角度拍摄

在日常摄影中，只要是需要抬头拍摄的，我们都可以理解成仰拍，比如30°仰拍、45°仰拍、60°仰拍、90°仰拍。仰拍的角度不一样，拍摄出来的效果自然不同，只有耐心和多拍，才能拍出不一样的照片效果。由下而上的仰拍就像小孩看世界的视角，会让画面中的主体散发出高耸、庄严、伟大的感觉，同时展现出视觉透视感。

采用仰角构图尽量使用竖幅取景，这样可以更加突出拍摄主体的物理高度和透视感，如图6-4所示。

6.2.3 俯视角度拍摄

简而言之，就是要选择一个比主体更高的拍摄位置，主体所在平面与拍摄者所在平面形成一个相对大的夹角。俯视角度构图法拍摄地点的高度较高，拍出来的照片视角大，画面的透视感可以得到很好的体现，因此画面才有纵深感，层次感。

俯拍有利于记录宽广的全景场面，表现宏伟气势，有着明显的纵深效果和丰富的景物层次，俯拍角度的变化给照片带来的画面感受也是不同的。俯拍时镜头的位置应远高于被摄物体，在这个角度拍摄，被摄物体在镜头下方，画面透视效果很强。

图 6-4 采用仰视角度拍摄的全景作品

6.3 拍摄大气十足的全景照片

在进行全景拍摄实战中，拍摄取景的范围由拍摄者自己控制，从180°到270°，甚至360°的照片，都可以自由控制。本节主要介绍3种大气十足的全景照片类型。

6.3.1 180°全景拍摄

扫码看视频

180°的全景照片，是人眼视觉所能达到的极限。也就是说，人的眼睛正常观察景象，视线范围一般在180°以内。因此，180°的全景会给人一种很舒适的观赏体验，如图6-5所示。

同时，180°全景画幅并不太大，因此在使用手机拍摄时，可以横拍，也可以竖拍，不会影响成像效果。如果要防止图像的畸变，拍摄者可以采用"移形换位"的方法，采用平行的取景点，拍摄180°的照片。

例如，使用手机实拍时，拍摄者需要对角度进行准确把握，在确认照片画幅达到180°时，及时停止拍摄即可，然后等待全景照片生成，即可完成拍摄。

6.3.2 270°全景拍摄

扫码看视频

270°全景照片的视角比180°更广，画幅更大，照片上下压缩得较多，因此多采用竖拍的方式，避免因为裁剪而导致图片细长，破坏构图。

270°全景可以给观赏者带来更强的画面真实感，能够表达更多的图像信息，而且制作的漫游全景交互性更好。另外，270°全景可以模拟出真实的三维实景，带来强烈的沉浸感，让观众仿佛身临其境，如图6-6所示。

图 6-5　180°全景照片

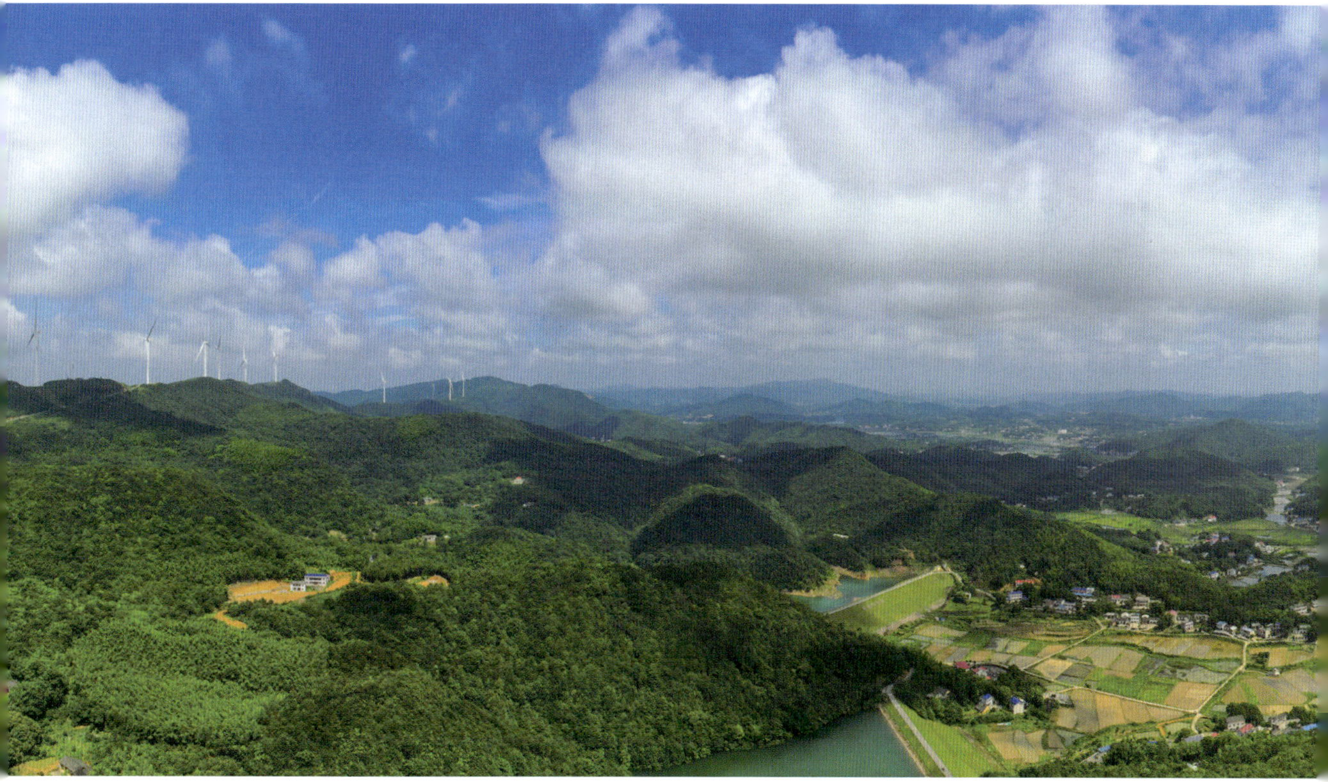

图 6-6　270°全景照片

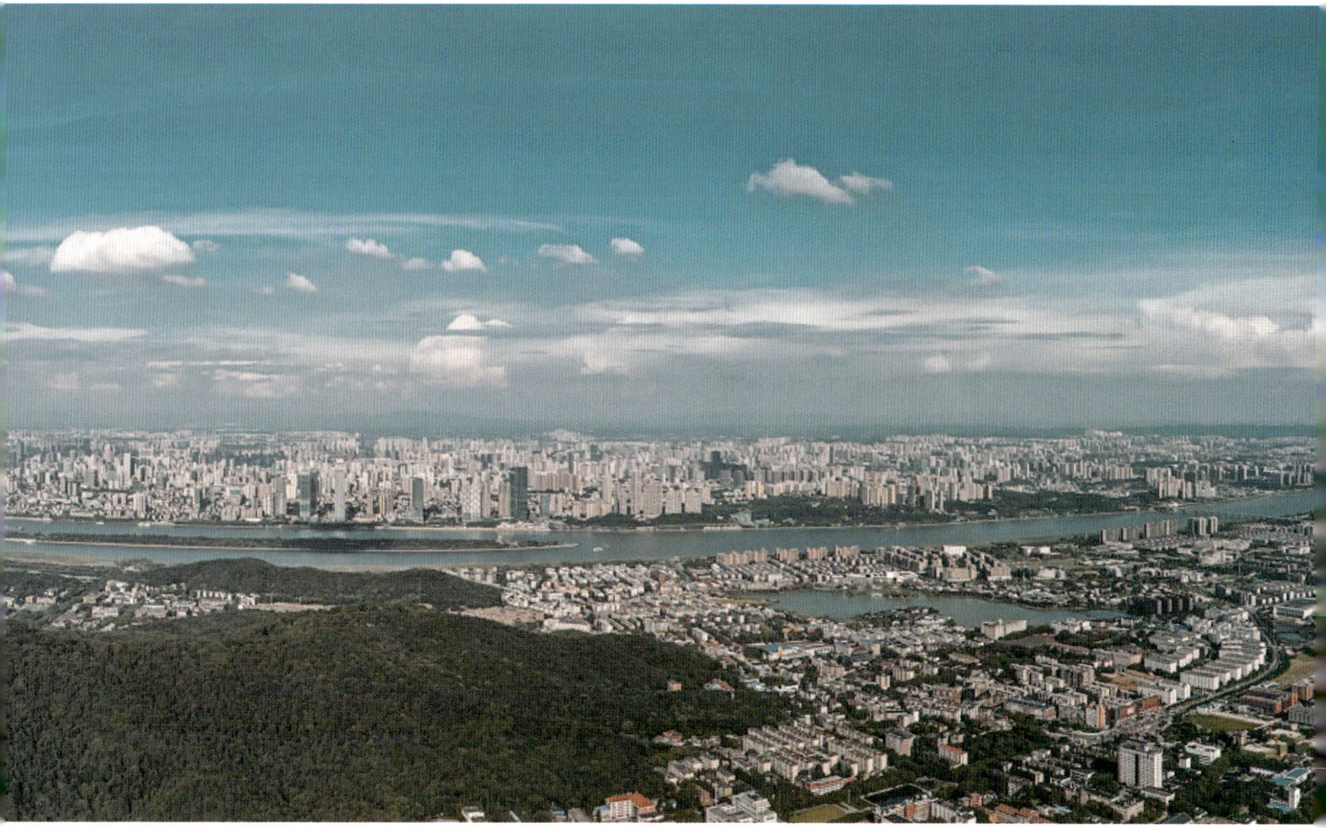

6.3.3　360°全景拍摄

拍摄360°全景画面，需要借助无人机、相机或者相关辅助设备，以及专业的拼接软件。下面笔者将介绍如何拍摄360°的全景照片。

在拍摄前，摄影者应确保画面简洁，避免画面中出现过多的人或者物体。这是因为，不论拍摄360°、270°，还是180°的全景，主体越突出且越单一，拼接点就越明显，拼接起来就越容易；越多、越复杂的影像，拼接点越乱，要想完美拼接，技术上要求就越高。

在拍摄时，拍摄者必须找准拼接点，同时采用上下双排甚至三排的竖拍方式，即分别仰拍、平拍、俯拍一组照片。同时，对正上方和正下方进行拍摄，以确保拼接的完整性，并为制作更深层次的VR全景视频做好准备。在拍摄完成后，可以使用PS或者PTG软件进行照片拼接。

360°球形全景的外形就像是一颗"小行星"，如图6-7所示。要制作这样的全景影像作品，除了使用无人机或相机外，还需要为相机配备一个广角镜头。当然，手机也可以拍摄，因为大多数的手机镜头具备广角功能，只是拍摄出来的画质会稍微差一点。

图 6-7　360°全景拍摄

本章小结

本章主要介绍了全景摄影的构图视角,首先介绍了全景摄影的构图原则,其中包括照片主题突出、画面主体明确、优先考虑前景元素的重要性,以及对上下空间的多角度观察等;然后介绍了全景拍摄的3个角度,包括平视、仰视以及俯视;最后介绍了如何拍摄多角度的全景照片,包括180°、270°和360°全景。通过本章的学习,可以使用户拍摄出来的全景照片更加美观、大气。

课后习题

鉴于本章知识的重要性,为了帮助读者更好地掌握所学知识,本节将通过课后习题引导读者进行知识回顾和拓展。

1. 关于全景摄影的平视、仰视以及俯视角度,各有何特点?
2. 图6-8所示的全景作品是在哪一种视觉角度下拍摄的?请尝试用你手中的设备,也拍摄出一幅相同角度的全景作品。

图6-8 横画幅全景作品

实战拍摄篇

PART **07**

第 7 章
手机拍摄全景，旅游风光摄影

7.1 使用手机拍横幅全景

全景照片以其宏伟、大气的特色，吸引着无数拍摄者的目光。在智能手机功能越来越强大的今天，我们无须借助专业的单反相机和三脚架云台，同样可以利用相关App和后期软件创作出气势磅礴的全景作品。本节主要介绍使用手机拍摄横幅全景作品的方法。

7.1.1 使用安卓手机拍摄横幅全景照片

扫码看视频

安卓手机的全景拍摄功能很强大，不但可以实现自动拼接，即通过相机App将连续拍摄的多张照片拼接为一张照片，从而扩大画面的视角；而且还能直接进行裁剪、调色等后期处理，实现了拍摄和修图一体化，所见即所得，下面介绍具体操作方法。

步骤01 在华为手机界面上，如图7-1所示，点击"相机"图标 。

步骤02 执行操作后，进入手机拍摄界面，如图7-2所示。

图 7-1 点击"相机"图标

图 7-2 手机拍摄界面

110 大片这么拍！全景摄影高手新玩法（第2版）

步骤03 从右向左滑动标签栏，选择"更多"选项，如图7-3所示。

步骤04 点击"全景"图标![]，进入"全景"拍摄模式，如图7-4所示。

图 7-3 选择"更多"选项　　图 7-4 进入"全景"拍摄模式

步骤05 点击下方的拍摄键![]，从左到右慢慢移动手机镜头，如图7-5所示。

步骤06 拍摄完成后，点击结束键![]，即可一键拍摄出城市风光横幅全景照片。

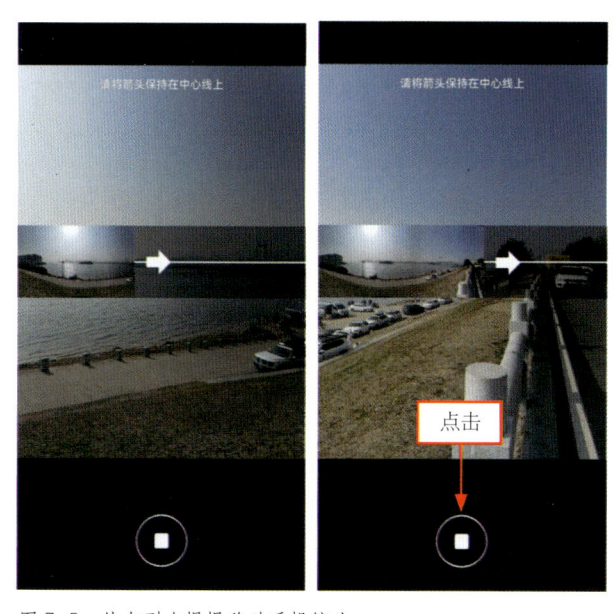

图 7-5 从左到右慢慢移动手机镜头

第 7 章　手机拍摄全景，旅游风光摄影　111

图 7-6 使用华为手机的横幅全景模式拍摄的古建筑群

图7-6所示为使用华为手机的横幅全景模式拍摄的古建筑群,笔者站在画面正中间位置,手机从左到右进行半圆旋转拍摄全景,因为手机相机是广角镜头,所以能容纳的景观比较多。这张照片的前景是一片椭圆形的阴影,在太阳光的照射下阴影比较明显,曲线线条显得优美、柔和,中间及两侧是一些古建筑群,通过横幅的方式将其全部展现了出来。

7.1.2 使用苹果手机拍摄横幅全景照片

扫码看视频

目前,iPhone手机凭借着良好的摄像功能和高品质的成像效果广受欢迎,成为手机摄影的首选设备。iPhone相机中的全景模式,通过内置的iSight镜头可以拍摄到视角更广阔、分辨率更高的照片,下面介绍具体拍摄方法。

>**步骤01** 打开iPhone相机应用程序，从右向左滑动标签栏，选择"全景"选项，如图7-7所示。

>**步骤02** 点击下方的拍摄键◯，从左到右慢慢移动手机镜头，如图7-8所示。拍摄完成后，点击结束键◼，即可一键拍摄出横幅全景照片。

图7-9所示为使用iPhone手机在西藏雪域高原中拍摄的全景摄影作品，画面宏伟壮观。

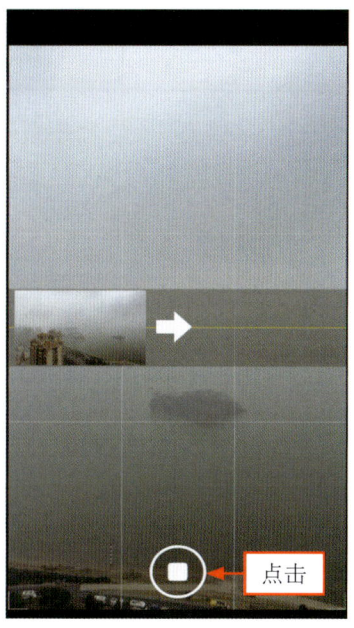

图7-7 选择"全景"选项　　图7-8 从左到右慢慢移动手机镜头

图7-9 使用 iPhone 手机拍摄的全景摄影作品

7.2 使用手机拍竖幅全景

在掌握横幅全景拍摄技巧的基础上，只需要调整方向从横向转为纵向，即可轻松拍摄出竖幅的全景作品。本节主要介绍使用安卓手机与苹果手机拍摄竖幅全景作品的方法。

扫码看视频

7.2.1 使用安卓手机拍摄竖幅全景照片

横幅全景是从左往右进行拍摄，而竖幅全景是从下往上进行拍摄，大家根据手机屏幕中给出的拍摄提示进行方向、角度的移动即可，下面介绍具体操作方法。

步骤01 打开手机的相机拍摄界面，从右向左滑动标签栏，选择"全景"选项，如图7-10所示。

步骤02 点击界面下方的 按钮，将横幅全景切换为竖幅全景，点击下方的拍摄键 ，从下往上慢慢移动手机镜头，如图7-11所示。拍摄完成后，点击结束键 ，即可一键拍摄出竖幅全景照片。

图7-10 选择"全景"选项　　图7-11 从下往上依次移动手机镜头

114　大片这么拍！全景摄影高手新玩法（第2版）

图7-12所示为使用华为手机在商场内拍摄的竖幅全景照片，画面狭长，具有延伸感。

扫码看视频

7.2.2 使用苹果手机拍摄竖幅全景照片

使用苹果手机拍摄竖幅全景照片时，只需要将手机倒立过来，然后从下往上依次移动手机镜头，如图7-13所示，即可拍摄出竖幅的全景照片效果。

图7-13 使用苹果手机拍摄的竖幅全景照片

图7-12 使用华为手机拍摄的竖幅全景照片

7.3 手机拍同一个人多个动作的全景

我们经常在朋友圈看到如图7-14所示的这种分身的全景作品，它们究竟是如何拍摄出来的呢？

图7-14 手机拍同一个人多个动作的全景

扫码看视频

这种照片也是使用手机全景功能拍摄的，拍摄的是同一个人的多个动作，具体拍摄方法如下。

步骤01 打开手机的全景模式，首先让模特摆好第1个姿势，如图7-15所示。

步骤02 拍摄完成后，手机镜头不动，此时模特从拍摄者的左边绕到拍摄者的身后，再从右边进入画面，摆好第2个姿势，手机镜头往右继续拍摄，将模特的第2个姿势拍摄下来，如图7-16所示。

116 大片这么拍！全景摄影高手新玩法（第2版）

步骤03 继续保持手机镜头不动，模特继续从拍摄者的左边绕到拍摄者的身后，再从右边进入画面，摆好第3个姿势，手机镜头往右继续拍摄，将模特的第3个姿势拍摄下来，如图7-17所示。拍摄完成后，点击结束键 ⬤ ，即可完成拍摄。

图 7-15 拍摄第 1 个姿势　　图 7-16 拍摄第 2 个姿势　　图 7-17 拍摄第 3 个姿势

本章小结

本章主要介绍了使用手机拍摄全景照片，首先介绍了如何使用安卓和苹果手机拍摄横幅全景照片，接着，介绍了竖幅全景照片的拍摄技巧，最后介绍了使用手机拍同一个人多个动作的全景照片。通过本章的学习，读者可以熟练掌握使用安卓和苹果手机拍摄全景作品的各种技巧。

课后习题

鉴于本章知识的重要性，为了帮助读者更好地掌握所学知识，本节将通过课后习题引导读者进行知识回顾和拓展。

1. 使用安卓手机的全景功能拍摄出一幅旅游风光类的横幅全景照片，如图7-18所示。

图7-18 旅游风光类的横幅全景照片

2. 使用苹果手机的全景功能拍摄出一幅"最美故乡"类的横幅全景照片，如图7-19所示。

图7-19 "最美故乡"类的横幅全景照片

3. 使用苹果手机的全景功能拍摄出同一个人多个动作的全景照片。

PART 08

第 8 章
相机 HDR 全景，风光拍摄与接片

8.1 拍摄HDR全景的准备工作

在拍摄HDR全景照片之前，我们首先需要了解HDR的概念，以及HDR全景摄影的特点，还有为什么要用HDR技术来拍摄全景作品等。在了解相关概念之后，还要了解拍摄事项，以及曝光参数的设置技巧等，这些将帮助大家快速拍出满意的全景作品。

8.1.1 HDR与HDR全景

扫码看视频

HDR代表高动态范围（High Dynamic Range）。在全景摄影中，HDR是一种拍摄技术，通过在不同曝光水平下拍摄多张照片，并将这些照片合并，以获得更广泛的亮度范围和更多的细节呈现。

HDR全景就是将HDR技术应用到全景摄影中，通过在全景拍摄中采用HDR技术，拍摄者可以获得更为真实、生动的图像效果，因为它可以还原更多的图像细节和色彩，使整个全景作品更具视觉吸引力。

对于全景摄影，HDR可以帮助用户解决场景中亮度范围差异较大的问题。例如当你拍摄一个全景场景时，可能会有一些区域非常亮，而其他区域则非常暗。使用HDR技术进行拍摄，可以在不同曝光下拍摄同一场景，捕捉到更多的亮度细节，从而保留更多的图像信息。

使用HDR拍摄全景照片时主要有以下3个优势。

- 保留更多细节：HDR允许在亮度和暗度方面都获得更多细节，使得整个全景图像更加生动、形象。
- 避免过曝和欠曝：全景场景中可能有极端的亮度差异，HDR可以防止一些区域出现过曝或欠曝现象，使整个图像的亮度更均衡。
- 提升视觉效果：HDR全景通常具有更高的对比度和更丰富的色彩表现，从而提升图像的整体视觉效果。

总的来说，HDR技术在全景摄影中是一个有力的工具，可以帮助摄影师更好地呈现复杂场景的细节和色彩。

8.1.2 拍摄前的注意事项

使用HDR技术拍摄全景照片时，有一些拍摄事项需要注意，以确保拍摄者能够获得高质量且自然的图像效果。

- 使用稳定的三脚架：HDR 需要拍摄多张照片并将它们合并在一起，因此稳定的三脚架是至关重要的，确保相机稳固地安装在三脚架上，以防止微小的位移，导致出现后期拼接失败或者出现裂痕的现象。
- 手动设置相机参数：手动设置快门、光圈和 ISO 等相机参数，以确保每张照片在这些方面保持一致，这有助于保持图像画质的一致性，使后期合成时更容易成功。在一些特殊的场景下，白平衡也需要保持一致性，不能选择自动白平衡。
- 注意运动元素：避免在拍摄 HDR 全景时有明显的运动，包括移动的云彩、行人和车辆等，画面中的运动元素会导致图像合成时产生模糊或奇怪的效果。
- 使用自动曝光锁定（AEL，Auto Exposure Lock）：如果相机支持 AEL 功能，可以使用它来锁定一个特定的曝光值，确保在拍摄所有照片时曝光保持一致。
- 选择合适的场景：HDR 技术对于高对比度的场景效果更为显著，但并不是所有场景都需要 HDR。在选择使用 HDR 的场景时，应考虑场景中的光照差异是否足够大。
- 谨慎过度进行后期处理：HDR 技术本身已经能够还原更多的细节，因此在后期处理时要注意不要过度增强效果，以免图像看起来过分夸张或不自然。
- 拍摄足够的照片：为了获得更佳的 HDR 效果，可以拍摄 3 张以上的照片，尤其是在场景的亮度范围很广的情况下。

通过以上相关技巧，拍摄者可以更好地利用HDR技术拍摄全景照片，获得令人印象深刻的视觉效果。

8.1.3 拍摄场景的选择

扫码看视频

本节以在沙漠中的全景摄影为例进行讲解。在沙漠中拍摄HDR全景图片时，要想获得令人印象深刻的照片，选择合适的场景至关重要。我们可以选择有沙丘和细腻纹理的地点，因为沙漠中的沙丘可以产生有趣的阴影和光影，为全景图增加了层次感，还可以寻找远处的山脉、岩石或其他地形元素，以增加全景图的深度和视觉吸引力。在日出和日落时分拍摄，可以获得柔和的光线和独特的色彩，这段时间的光线有助于捕捉沙漠中的景色细节。

图8-1所示为本章内容中所选的沙漠拍摄场景，前景中的沙漠纹理细腻有质感，中景有一些沙丘和沙线，远景有一些山脉，整个画面极具层次感。这是16点30分左右的沙漠场景，刚好是日落时分，光线柔和，光影对比强烈。

图 8-1 选择沙漠拍摄场景

8.1.4 设置拍摄的曝光参数

选择好拍摄场景后,接下来需要设置数码相机的曝光参数,如ISO、快门以及光圈等。下面以尼康D850相机为例,介绍设置拍摄的曝光参数的方法,具体的操作步骤如下。

步骤01 按下相机左上角的MENU(菜单)按钮,如图8-2所示。

步骤02 进入"照片拍摄菜单"界面,通过上下方向键选择"ISO感光度设定"选项,如图8-3所示。

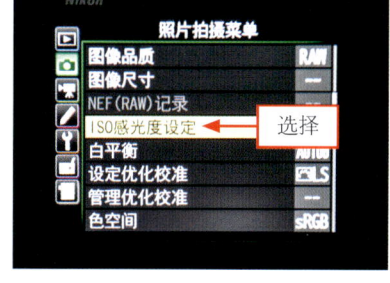

图8-2 按下MENU(菜单)按钮

图8-3 选择"ISO感光度设定"选项

步骤03 按下OK按钮,进入"ISO感光度设定"界面,选择"ISO感光度"选项并确认,如图8-4所示。

步骤04 弹出"ISO感光度"列表框,通过上下方向键,将感光度参数值设置为100,这种较低的感光度有助于提供更大的动态范围,使照片的亮部和暗部都能得到较好的保留,如图8-5所示。按下OK按钮确认,即可完成ISO感光度的设置。

图8-4 选择"ISO感光度"选项

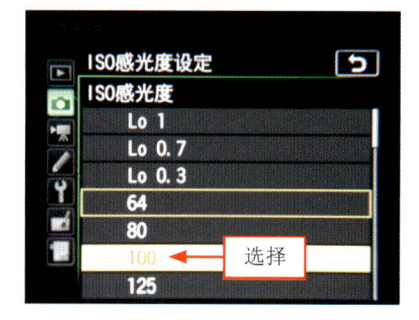

图8-5 将感光度参数值设置为100

第 8 章 相机 HDR 全景,风光拍摄与接片

专家提醒

在实际的拍摄过程中,我们应根据现场环境光线的情况来设置ISO、快门以及光圈的参数,以确保得到一个正确的曝光效果。本节以尼康D850相机为例进行设置讲解,一般情况下,每个相机上都有快速设置ISO、快门和光圈的按钮,虽然相机品牌不一样,操作方法大同小异,大家可以参考自己相机的说明书。

步骤05 按下相机右侧的info(参数设置)按钮,进入相机参数设置界面,拨动相机前置的"主指令拨盘",可以调整快门的参数。这里我们将快门参数调整到1/1000秒,通过使用这种较快的快门速度参数,可以减少由于相机抖动造成的模糊,使拍摄的全景照片素材更清晰,如图8-6所示,即可完成快门参数的设置。

步骤06 拨动相机后置的"副指令拨盘",将光圈参数调整到F11,中等光圈可以使画面的前景和后景都能清晰显示,如图8-7所示,即可完成光圈参数的设置。

图 8-6 将快门参数调整到 1/1000 秒　　　　图 8-7 将光圈参数调整到 F/11

专家提醒

光圈是一个用来控制光线透过镜头进入机身内感光面光量的装置,通常用F数值来表示光圈的大小。我们在拍摄全景作品的时候,建议将相机的光圈值设置为F/7.1、F/8或者F/11,光圈小一点,画面的景深就大一点,背景就越清晰。

8.1.5 开启HDR与连拍功能

考虑到沙漠环境中的光影对比度通常较高，使用适当的HDR技术可以帮助大家更好地捕捉高光和阴影部分的细节。下面介绍在相机中开启HDR与连拍功能的方法，具体的操作步骤如下。

步骤01 按住相机上的BKT按钮，如图8-8所示。

步骤02 拨动相机前置的"主指令拨盘"，如图8-9所示。

步骤03 将参数设置为3F，表示动态拍摄3张照片（即正常曝光、暗调、亮调）；拨动相机后置的"副指令拨盘"，将曝光调为2挡，表示拍摄的3张照片中每2张照片之间相隔两挡曝光参数，如图8-10所示。

图 8-8 按住相机上的 BKT 按钮

图 8-9 拨动相机前置的"主指令拨盘"

步骤04 将相机左上角的转盘模式调到定时连拍模式，如图8-11所示。

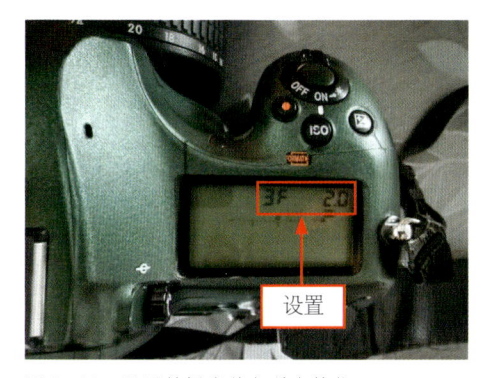

图 8-10 设置拍摄张数与曝光挡位

图 8-11 调到定时连拍模式

步骤05 执行上述操作后，即可完成相关设置，接下来将相机的对焦调为手动模式，对沙漠进行取景和对焦操作，然后按下快门键，即可进行拍摄。

> **专家提醒**
>
> 关于其他型号相机的HDR功能设置，大家可以通过百度或抖音搜索一下设置方法，操作大同小异，建议大家可以参考自己相机随附的说明书。

图8-12所示为使用尼康D850相机+鱼眼镜头拍摄的HDR全景原片。

图 8-12　使用尼康 D850 相机＋鱼眼镜头拍摄的 HDR 全景原片

126　大片这么拍！全景摄影高手新玩法（第2版）

8.2 HDR全景照片的后期处理

HDR全景照片是指在同一场景中拍摄多张照片，每张照片的曝光度不同，通常包括一张正常曝光、一张欠曝和一张过曝的照片，通过合并多张曝光度不同的照片，可以展现出更广阔的沙漠风光，后期处理的目的是确保这些照片最终呈现出高质量和吸引人的视觉效果。本节主要介绍HDR全景照片的后期处理步骤和技巧流程。

8.2.1 对照片进行HDR全景合成

HDR照片拍摄完成后，可以在Photoshop软件的Camera Raw插件中，对照片进行HDR全景合成，既方便又快捷，具体的操作步骤如下。

步骤01 按Ctrl + A组合键，全选文件夹中的HDR照片素材，将其拖曳至Photoshop工作界面中，弹出Camera Raw窗口，按Ctrl + A组合键全选照片，如图8-13所示。

图 8-13 导入 Camera Raw 窗口全选照片

第 8 章 相机 HDR 全景、风光拍摄与接片

步骤02 在照片上单击鼠标右键，在弹出的快捷菜单中选择"合并为HDR全景"命令，如图8-14所示。

图 8-14 选择"合并为 HDR 全景"命令

步骤03 执行操作后，弹出"HDR全景合并预览"对话框，在右侧面板中设置"投影"为"球面"，球面投影是一种将三维场景投射到一个虚拟的球面上的方法，它可以提供比其他投影方式更自然的全景效果，更好地模拟了人眼在真实环境中看到的景象。单击右下角的"合并"按钮，如图8-15所示。

步骤04 弹出"合并结果"对话框，设置全景图的保存位置，如图8-16所示。

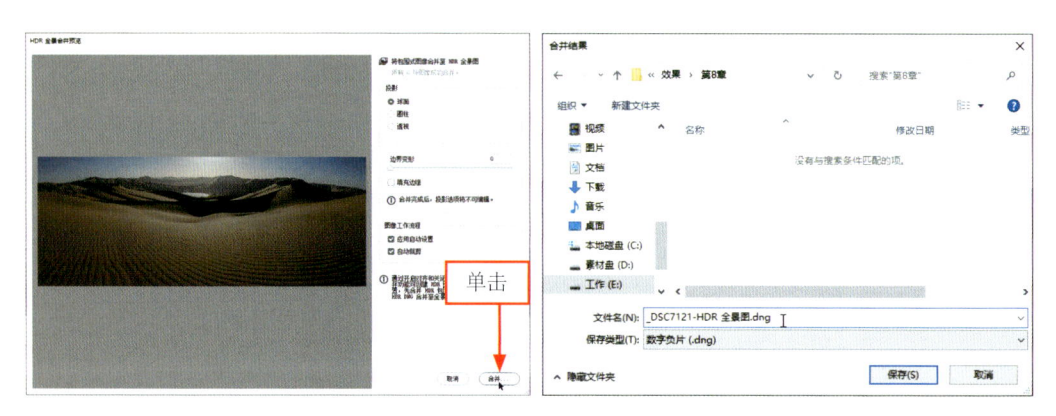

图 8-15 单击"合并"按钮

图 8-16 设置全景图的保存位置

步骤05 单击"保存"按钮，即可保存合成的全景照片，在Camera Raw窗口中可以预览合成后的画面效果，如图8-17所示。

图8-17 预览合成后的画面效果

8.2.2 对照片进行初步调色处理

合成HDR全景照片后，对照片进行初步调色处理，具体的操作步骤如下。

步骤01 在Camera Raw窗口右侧的"基本"选项区中，设置"色温"为5650、"色调"为12、"曝光"为2.4、"对比度"为34、"高光"为-96、"清晰度"为5、"自然饱和度"为16、"饱和度"为2，初步调整照片的色彩与色调，如图8-18所示。

步骤02 单击Camera Raw窗口下方的"Display P3-16位-7228 × 2939（21.2MP）-300 ppi"文字链接，弹出相应窗口，在Photoshop选项区中选中"在Photoshop中打开为智能对象"复选框，如图8-19所示。

步骤03 单击"确定"按钮，返回Camera Raw窗口，单击"打开对象"按钮，即可在Photoshop中打开合成的全景照片。

步骤04 在"图层"面板中，选择智能图层，单击鼠标右键，在弹出的快捷菜单中选择"通过拷贝新建智能图层"命令，复制智能图层，如图8-20所示。

第 8 章 相机 HDR 全景，风光拍摄与接片 129

图 8-18 初步调整照片的色彩与色调

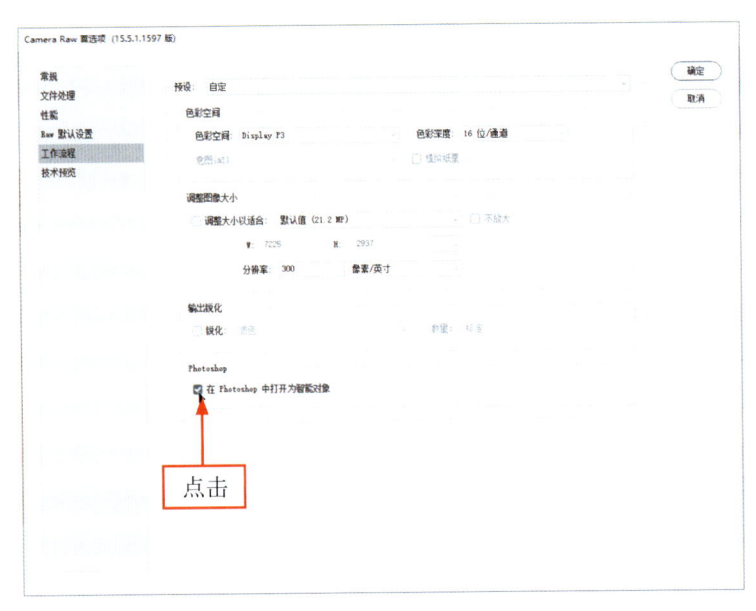

图 8-19 选中相应复选框

130　大片这么拍！全景摄影高手新玩法（第 2 版）

图 8-20 拷贝一个智能图层

步骤 05 双击复制图层的缩览图，打开Camera Raw窗口，在右侧设置"色温"为6950、"色调"为6、"曝光"为0、"对比度"为-2、"高光"为2、"黑色"为-25，如图8-21所示。这一步的作用是调出一个欠曝的图层，方便我们进行后期的光影调色处理。

图 8-21 设置相应参数

第 8 章 相机 HDR 全景，风光拍摄与接片

步骤06 设置完成后，单击"确定"按钮，返回Photoshop工作界面，查看调整后的全景图像效果，如图8-22所示。

图8-22 查看调整后的全景图像效果

8.2.3 用灰度蒙版调整照片的光影

扫码看视频

后期修图的关键在于分区域调整，分区域调整就需要精准的选区，而通道选区则是所有选区工具里最精准的，过渡性也是最为自然的选区工具，它与蒙版的结合，就是所谓的灰度蒙版，已经成为风光摄影后期高级技法必须要掌握和运用的关键内容。下面介绍运用灰度蒙版调出地面光影与层次感的操作方法，具体的步骤如下。

步骤01 在"图层"面板中，对智能图层的名称进行相应更改，如图8-23所示。

步骤02 选择"图层2"图层，单击"图层"面板底部的"图层蒙版"按钮■，为"图层2"图层新建一个白色的图层蒙版，如图8-24所示。

步骤03 在"通道"面板中，按住Ctrl键的同时单击"红"通道，载入照片的高光选区，如图8-25所示。

图 8-23 更改图层的名称

图 8-24 新建一个白色的图层蒙版

图 8-25 载入照片的高光选区

步骤04 选取画笔工具，设置前景色为黑色、"不透明度"为15%，按Ctrl + H组合键，隐藏选区，方便我们观察图像的变化，然后在沙漠地景部分进行涂抹，要有意地对部分高光区域进行多次涂抹，涂抹完成后，沙漠纹理被提亮了，效果如图8-26所示。

第8章 相机 HDR 全景，风光拍摄与接片 133

图 8-26 对部分高光区域进行多次涂抹

步骤05 按住Ctrl键的同时单击RGB通道,载入RGB高光;选区出现后,再按下Ctrl + Alt组合键,再次单击RGB通道,此时出现一个警告框,单击"确定"按钮,进入"图层"面板,添加"曲线"调整图层,如图8-27所示,此时我们看到这个"曲线"调整图层自带了一个灰色的蒙版,这个蒙版就是刚才在通道里所生成的中间调选区产生的。

步骤06 在"属性"面板中,拉出一个较大的S形曲线,如图8-28所示。

图 8-27 添加"曲线"调整图层

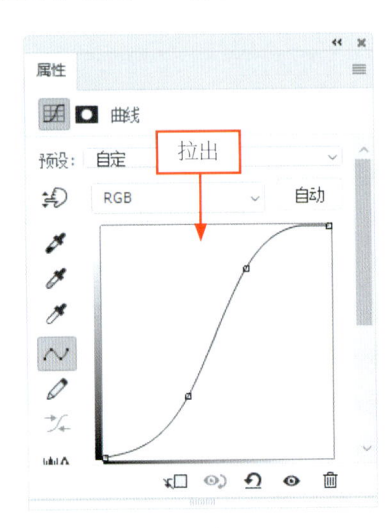

图 8-28 拉出 S 形曲线

134　大片这么拍!全景摄影高手新玩法(第2版)

步骤07 此时，画面的反差增强了，即便这个很大的S形曲线也不会过多地造成画面高光和亮部的变化，变化的只有中间调，整体反差增加得非常自然而柔顺，如图8-29所示。

图8-29 增强画面的反差

步骤08 按Ctrl + Shift + Alt + E组合键，盖印一个图层，得到"图层3"，打开Camera Raw窗口，设置各参数，微调画面的色彩，如图8-30所示，然后单击"确定"按钮。

图8-30 微调画面的色彩

第8章 相机HDR全景，风光拍摄与接片 135

8.2.4 修饰照片的细节与添加人物

照片的光影调出来以后，接下来修饰照片的细节，并在画面中添加一个人物，起到画龙点睛的效果，具体的操作步骤如下。

步骤01 选取移除工具 ，将鼠标移至画面中的污点处，按住鼠标左键并拖曳，对图像进行涂抹，即可修饰照片的细节，效果如图8-31所示。

图 8-31 修饰照片的细节

步骤02 使用Photoshop软件中的"创成式填充"功能，对相应的沙漠纹理进行重新填充，使画面更具吸引力，效果如图8-32所示。

图 8-32 对相应的沙漠纹理进行重新填充

步骤03 单击"文件"|"打开"命令,打开一个素材文件,将人物素材复制并粘贴至沙漠场景中,并调至合适位置,效果如图8-33所示。至此,完成HDR全景图片的后期处理。

图 8-33 最终效果

本章小结

　　本章主要介绍了使用相机拍摄HDR全景照片的方法,主要分为两部分,第一部分讲解了拍摄HDR全景的准备工作,如拍摄前的注意事项、拍摄场景的选择、设置分区曝光拍摄参数以及开启HDR与连拍功能等;第二部分讲解了HDR全景照片的后期处理流程,包括对照片进行HDR全景合成、对照片进行初步调色处理、用灰度蒙版调整照片的光影以及修饰照片的细节与添加人物等。通过本章的学习,读者可以熟练掌握HDR全景照片的拍摄技巧与后期处理方法。

课后习题

鉴于本章知识的重要性,为了帮助读者更好地掌握所学知识,本节将通过课后习题引导读者进行知识回顾和拓展。

1. 使用相机在你熟悉的区域拍摄一幅HDR全景作品。
2. 什么是灰度蒙版?请根据你的理解对灰度蒙版的含义与作用进行相关讲解。

PART **09**

第 9 章
360° 全景小星球，拍摄地标建筑

9.1 地标建筑拍摄案例

本节主要以尼康D850单反相机为例,介绍使用单反相机拍摄360°小星球全景照片的方法,包括拍摄场景的选择、三脚架与全景云台的安装、曝光参数的设置以及全景小星球的拍摄步骤等。通过本节内容的学习,读者可以熟练掌握360°全景小星球照片的拍摄方法。

9.1.1 拍摄场景的选择

扫码看视频

我们在拍摄360°全景小星球照片时,选择的拍摄场景时在画面中一定要有主体对象,例如,选取城市中标志性的建筑物,这样的建筑物在全景图中可以成为视觉焦点,吸引观众的注意力。本节主要在湖南长沙烈士公园中拍摄360°全景小星球效果,选取的标志性建筑为湖南烈士纪念塔,如图9-1所示,以该塔为前景进行拍摄。

图9-1 湖南烈士纪念塔

专家提醒

如果拍摄地点在繁忙的城市区域，要注意人流和车辆，这些因素可能会在全景照片中留下一些运动的痕迹，为了避免这种情况可以选择在人流相对较少或交通相对较顺畅的时候进行拍摄。

9.1.2　三脚架与全景云台的安装

扫码看视频

三脚架是用来稳定相机的重要支撑设备，所以稳定性是首要考虑因素，我们将球形云台安装在三脚架上，可以使相机在水平和垂直方向上进行全方位的旋转，确保捕捉到360°水平和180°垂直范围内的所有景物，这样就可以创建完整的全景图像。图9-2所示为球形云台。

球形云台上需要安装全景分度拼接云台，目的是让相机在水平或垂直方向上以特定的角度逐步旋转，拍摄一系列有重叠区域的图像。在这个过程中，全景分度拼接云台的作用是确保相机在旋转过程中保持水平状态，并按照特定的角度进行旋转，以避免在后期图像拼接时出现不对齐或者失真的问题。图9-3所示为全景分度拼接云台。

图 9-2　球形云台　　　　　　　图 9-3　全景分度拼接云台

专家提醒

如果我们直接在球形云台上安装相机，在拍摄全景照片时可能无法保证相机一直处于横向水平和垂直水平状态，而且旋转角度也无法精准地把握好，这样拍摄出来的照片在后期拼接时会出现拼接失败的情况。

第 9 章　360°全景小星球，拍摄地标建筑　141

将三脚架、球形云台和全景分度拼接云台全部安装完成后，将单反相机安装到全景分度拼接云台上，拍摄现场如图9-4所示。

图9-4 拍摄现场

9.1.3 保证相机的横向和垂直水平

扫码看视频

通过使用相机拍摄画面中的水平线与云台上的水平仪，保证相机的横向水平和纵向垂直，如图9-5所示。

图9-5 拍摄画面中的水平线与云台上的水平仪

142　大片这么拍！全景摄影高手新玩法（第2版）

在拍摄全景照片时，相机需要旋转以捕捉整个场景，如果相机在旋转的过程中不能保持水平和垂直方向的稳定，那么在后期拼接图像时就会出现画面不对齐的情况，导致全景图像的失真并呈现出不自然的外观。如果相机在拍摄过程中发生倾斜或偏离水平和垂直方向，角度信息就会受到影响，导致图像无法拼接成功。

9.1.4 保持水平和俯仰的刻度在0°

扫码看视频

在云台上，保持水平和俯仰的刻度在0°，意味着相机的水平和垂直方向与地平线保持平行，确保在后期图像拼接时，每张照片的角度信息是准确的，有助于获得更自然、更流畅的全景图像拼接效果。图9-6所示为水平与俯仰角度均设定为0°的状态。

图 9-6　水平 0°与俯仰 0°

9.1.5 设置曝光参数并对焦画面

扫码看视频

一切准备工作完成后，接下来需要在相机中设置拍摄画面的曝光参数与自动白平衡，并对画面进行准确对焦，具体的操作步骤如下。

步骤01 在相机上，按住左侧的MODE按钮，拨动相机前置的"主指令拨盘"，将拍摄模式设置为M档，如图9-7所示。

步骤02 按下相机右侧的info（参数设置）按钮，进入相机参数设置界面，拨动相机前置的"主指令拨盘"，将快门参数调整到1/320秒，使用高速快门拍出更清晰的画面效果，如图9-8所示。

第 9 章　360°全景小星球，拍摄地标建筑　143

步骤03 拨动相机后置的"副指令拨盘",将光圈参数调至F6.3,使用中等光圈增加画面的景深范围,如图9-9所示。

步骤04 按住相机顶部的ISO按钮,拨动相机前置的"主指令拨盘",将ISO参数调整到100,较低的ISO值可以减少画面的噪点,如图9-10所示,即可完成曝光参数的设置。

图 9-7　将拍摄模式设置为 M 挡

图 9-8　将快门参数调整到 1/320 秒

图 9-9　将光圈参数调至 F6.3

图 9-10　将 ISO 参数调整到 100

步骤05 按下相机左上角的MENU(菜单)按钮,将"白平衡"设置为400,手动设置白平衡,避免画面出现偏色的情况,如图9-11所示,按OK按钮确认。

步骤06 在拍摄全景照片时,需要将对焦模式设置为手动对焦,不会使用自动对焦模式,如果用自动对焦的话,每一次按下"快门"按钮拍摄时相机都会进行自动对焦,比较浪费时间,而且会出现对焦不准确的现象。在相机上,将对焦模式开关调整到M,切换为手动对焦,如图9-12所示。

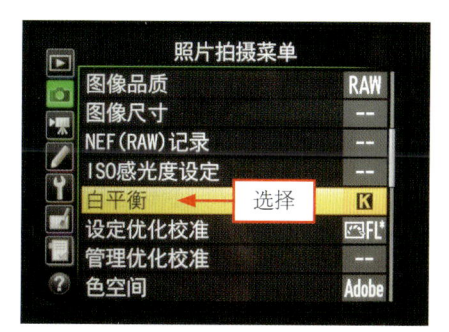

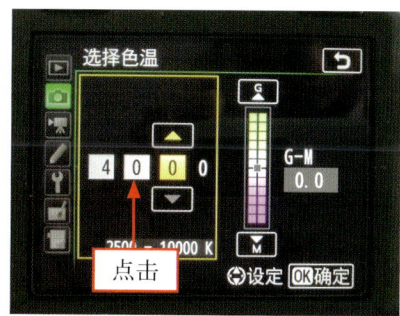

图 9-11 将"白平衡"设置为"自动"模式

步骤07 按下机身背面的屏幕实时取景按钮，开始实时显示拍摄，然后按下"放大"按钮，在显示屏上可以看到局部放大后的图像，缓缓转动镜头上的对焦环进行对焦操作，如图9-13所示。在放大显示状态下，可以看到焦点在发生改变，确认合焦位置后，按"缩小"按钮缩小显示画面，得到合适的对焦和曝光后，按下"快门"按钮拍摄一张照片，然后查看拍摄的效果。

图 9-12 切换为手动对焦　　　　图 9-13 转动对焦环进行对焦操作

9.1.6 全景小星球的拍摄步骤

扫码看视频

曝光参数设置完成后，接下来详细介绍使用相机拍摄全景小星球照片的操作步骤。笔者在拍摄时使用的是14毫米的鱼眼镜头，这是一个超广角镜头，正常情况下使用14毫米的鱼眼镜头每转动60°拍摄1张照片，360°需要拍摄6张照片。但是，笔者为了后期拼接的质量与成功率，增加了每张照片之间的重叠率，每转动45°拍摄1张照片，360°需要拍摄8张照片。下面详细介绍全景小星

第 9 章　360°全景小星球，拍摄地标建筑　145

球的具体拍摄步骤。

（1）将相机调整至水平0°，每45°拍摄一张照片，一共拍摄8张照片。

（2）将相机上仰45°，每45°拍摄一张照片，一共拍摄8张照片。

（3）将相机下仰45°，每45°拍摄一张照片，一共拍摄8张照片。

（4）垂直向上横竖补天，需要拍摄2张照片。

（5）垂直向下横竖补地，需要拍摄2张照片。

一共需要拍摄28张照片，才能拼合成一个完整的小球形全景图。图9-14所示为实拍的全景素材RAW原片，一共28张。

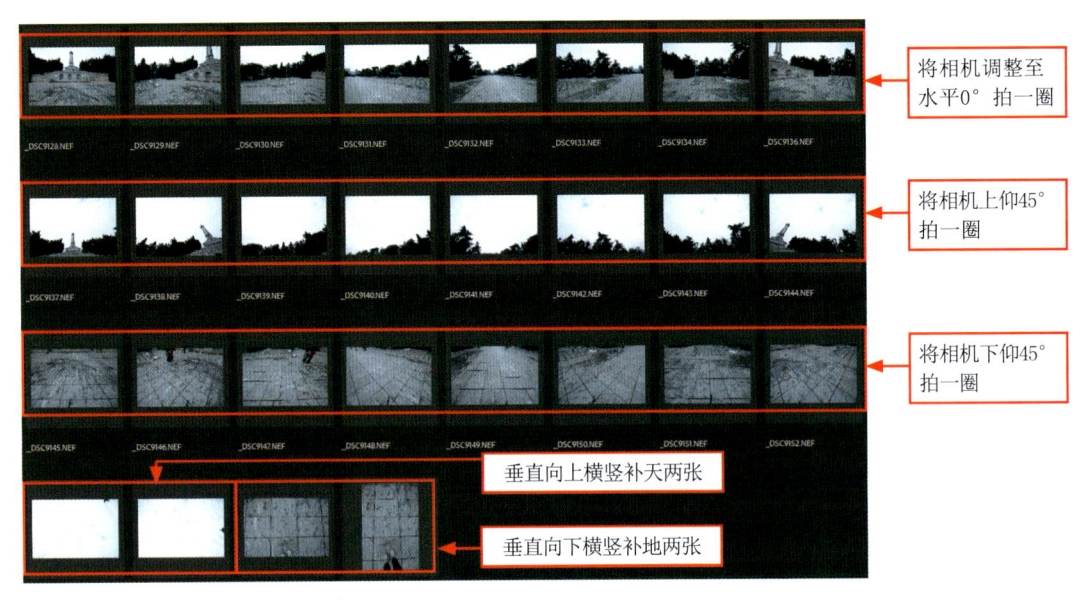

图9-14 实拍的全景素材RAW原片

9.2 全景照片的后期处理

360°全景小星球照片拍摄完成后，在PTGui Pro软件中对照片进行拼接处理，在Photoshop中制作出全景小星球的效果，并对照片进行调色与修饰操作，让全景小星球作品完美。

9.2.1 利用PTGui Pro软件拼接全景图

扫码看视频

使用PTGui Pro软件拼接全景图非常方便，可以快速拼接RAW原片，具体的操作步骤如下。

步骤01 进入PTGui Pro工作界面，单击"加载影象"按钮，如图9-15所示。

步骤02 弹出"添加影象"对话框，在其中选择需要拼接的多张照片，如图9-16所示。

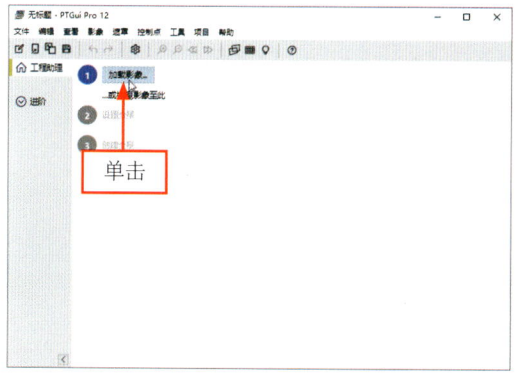

图9-15 单击"加载影象"按钮

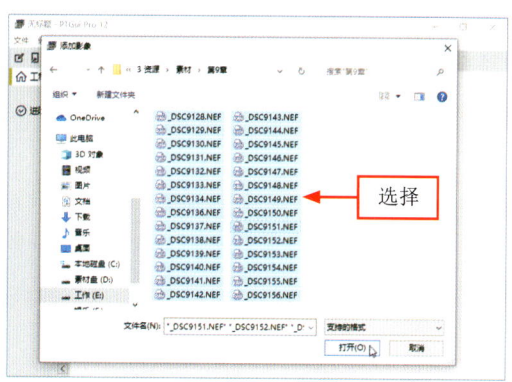

图9-16 选择需要拼接的多张照片

步骤03 单击"打开"按钮，即可将照片导入PTGui Pro软件的工作界面中，单击"对齐影象"按钮，如图9-17所示。

步骤04 弹出"全景编辑"窗口，在其中拖曳画面，对全景图像进行适当调整，查看拼接完成的全景图片，如图9-18所示。

第9章 360°全景小星球，拍摄地标建筑 147

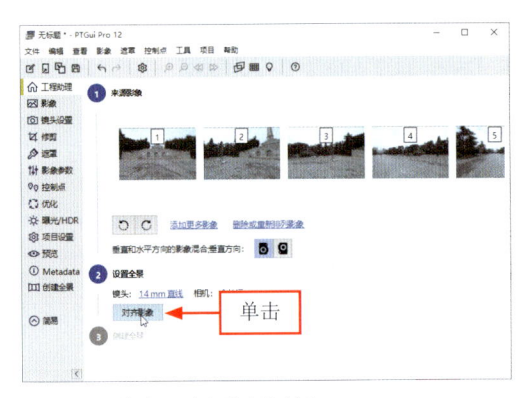

图 9-17　单击"对齐影像"按钮　　　　　　图 9-18　查看拼接完成的全景图片

步骤 05 返回PTGui Pro软件的工作界面，切换至"创建全景"选项卡，在其中设置全景图像的输出尺寸和文件输出位置，单击"创建全景"按钮，如图9-19所示。

步骤 06 执行操作后，即可拼接全景图，在文件夹中查看图像效果，如图9-20所示。

图 9-19　单击"创建全景"按钮　　　　　　图 9-20　在文件夹中查看图像效果

9.2.2　在Photoshop中制作全景小星球效果

在PTGui Pro中拼接好全景图后，在Photoshop（简称PS）中通过"极坐标"命令制作全景小星球效果，具体的操作步骤如下。

步骤 01 单击"文件"|"打开"命令，在Photoshop中打开上一小节中拼接好的全景图片，单

148　大片这么拍！全景摄影高手新玩法（第2版）

击"图像"|"图像大小"命令，弹出"图像大小"对话框，取消限制长宽比，设置"宽度"和"高度"均为2000，如图9-21所示。

图 9-21 设置相应参数

步骤02 单击"确定"按钮，此时图像会变成一个正方形，如图9-22所示。

步骤03 单击"滤镜"|"扭曲"|"极坐标"命令，弹出"极坐标"对话框，各选项均为默认设置，单击"确定"按钮，即可制作出360°全景小星球效果，如图9-23所示。

图 9-22 图像会变成一个正方形

图 9-23 全景小星球效果

第 9 章　360°全景小星球，拍摄地标建筑

步骤04 选取裁剪工具 ，调整控制框的大小，等比例裁剪图像，如图9-24所示。
步骤05 按Enter键确认裁剪操作，效果如图9-25所示。

图 9-24　等比例裁剪图像

图 9-25　确认裁剪操作后的效果

9.2.3 将小星球照片导入ACR中调色

扫码看视频

制作好360°全景小星球的效果后，接下来在ACR中对照片进行调色处理，使画面色彩更加吸引人。在这张全景照片中，天空区域有些曝光过度，首先需要将天空区域抠出来进行单独调整，然后再调整其他部分的色彩风格，具体的操作步骤如下。

步骤01 在菜单栏中，单击"选择"|"天空"命令，如图9-26所示。
步骤02 执行操作后，将天空区域抠出来，运用魔棒工具适当调整选择区域，如图9-27所示。
步骤03 按Ctrl + J组合键，拷贝选区内的天空图像，即可得到"图层1"，如图9-28所示。
步骤04 按Ctrl + Shift + A组合键，打开Camera Raw窗口，在右侧展开"基本"选项区，在其中设置"曝光"为-0.1、"高光"为-52、"白色"为-59、"自然饱和度"为-21、"饱和度"为-5，如图9-29所示，降低天空的曝光，还原本身的色彩。

图 9-26 单击"天空"命令　　　　　　图 9-27 将天空区域抠出来

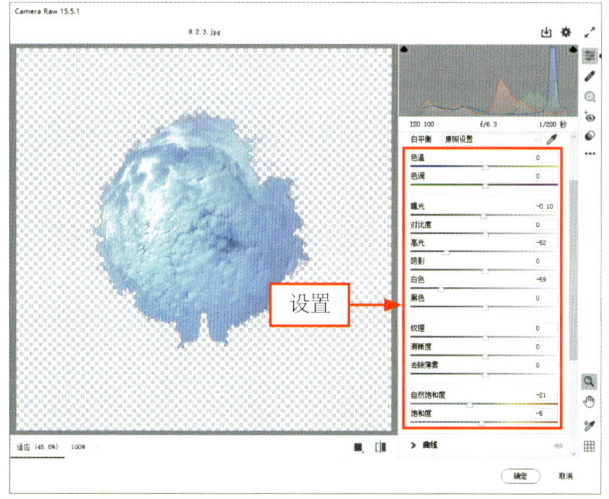

图 9-28 得到"图层 1"　　　　　　图 9-29 降低天空的曝光

步骤05 展开"混色器"选项区,在"饱和度"选项卡中设置"蓝色"为23,增加天空区域的蓝色饱和度,如图9-30所示。

步骤06 设置完成后,单击"确定"按钮,返回Photoshop工作界面,查看调整后的图像效果,如图9-31所示。

第 9 章　360°全景小星球,拍摄地标建筑　151

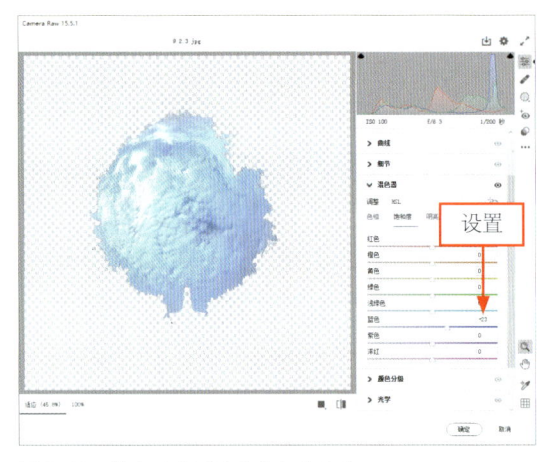

图9-30 增加天空区域的蓝色饱和度

图9-31 调整后的图像效果

步骤07 按Ctrl + Shift + Alt + E组合键，盖印图层，得到"图层2"；再次按Ctrl + Shift + A组合键，打开Camera Raw窗口，在右侧的"基本"选项区中设置"曝光"为0.4、"对比度"为21、"高光"为-47、"阴影"为57、"白色"为16、"黑色"为-17、"自然饱和度"为-20，调整全景图的整体色彩，如图9-32所示。

步骤08 展开"混色器"选项区，在"色相"选项卡中设置"绿色"为-2、"浅绿色"为100，校正天空区域的色彩，使颜色偏冷蓝色调，如图9-33所示。

图9-32 调整全景图的整体色彩

图9-33 校正天空区域的色彩

步骤09 展开"效果"选项区,设置"晕影"为-50,为照片四周添加暗角效果,使中间的主体区域更为突出,如图9-34所示。设置完成后,单击"确定"按钮。

图 9-34 为照片四周添加暗角效果

9.2.4 对照片中的元素进行扭曲变形

扫码看视频

本小节主要是将全景照片中的湖南烈士纪念塔变高一点,使主体对象更为突出,增强照片的视觉冲击力,具体的操作步骤如下。

步骤01 使用对象选择工具选取画面中的塔,创建选区,如图9-35所示。

步骤02 按Ctrl+T组合键,调出变换控制框,如图9-36所示。

步骤03 单击鼠标右键,在弹出的快捷菜单中选择"扭曲"命令,如图9-37所示。

步骤04 将控制柄向上拖曳,拉高湖南烈士纪念塔,效果如图9-38所示。

步骤05 使用移除工具在画面中的污点处按住鼠标左键并拖曳,进行适当涂抹,去除画面中的污点,使照片显得干净些,最终效果如图9-39所示。

第 9 章 360° 全景小星球,拍摄地标建筑   153

图 9-35 为对象创建选区

图 9-36 调出变换控制框

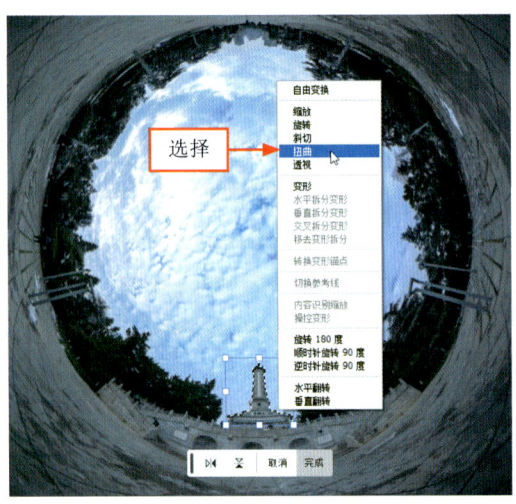

图 9-37 选择"扭曲"命令

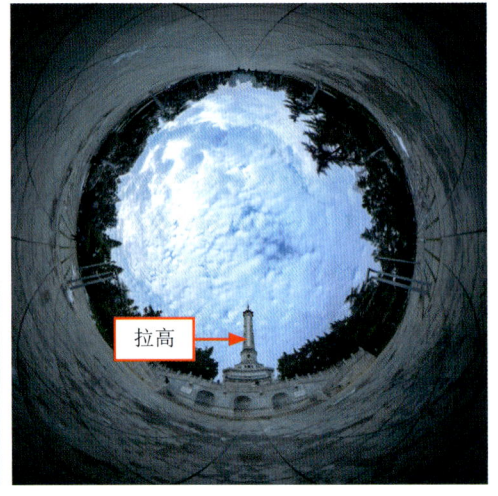

图 9-38 拉高湖南烈士纪念塔

图 9-39 最终效果

9.2.5 其他全景小星球的效果展示

有些喜欢拍摄星空的朋友，也可以运用这种方法来创作星空全景小星球照片，银河位于天空中心位置或三分之一处都是不错的选择，整条银河横向或竖向放置都非常漂亮，我们也可以将自己或他人作为前景来构图，如果遇到流星雨，那拍出来的效果就更加炫酷了，例如，图9-40所示的360°星空全景小星球效果。

扫码看视频

第 9 章　360°全景小星球，拍摄地标建筑　155

图 9-40　360° 星空全景小星球效果（摄影师：赵友）

本章小结

　　本章主要介绍了使用相机拍摄360° 全景小星球照片的方法，主要包括拍摄场景的选择、三脚架与全景云台的安装、保证相机的横向和纵向水平状态、保证水平和俯仰的角度在0°、设置曝光参数并对焦画面、全景小星球照片的拍摄步骤等；然后介绍了全景小星球照片的后期处理流程，包括照片的拼接、制作、调色以及扭曲变形等环节。通过本章的学习，读者可以熟练掌握使用相机拍摄360° 全景小星球照片的方法。

课后习题

鉴于本章知识的重要性，为了帮助读者更好地掌握所学知识，本节将通过课后习题引导读者进行知识回顾和拓展。

1. 拍摄360°全景小星球照片时，为什么要使用全景分度拼接云台？
2. 以14毫米的鱼眼镜头为例，请简述拍摄全景小星球的具体步骤。

PART **10**

第 10 章
无人机全景，4 种高空摄影实战

10.1 拍摄前的准备工作

为了安全地飞行无人机和拍出理想的全景大片，拍摄者在飞行无人机之前，需要对无人机进行相应的检查与设置，比如检查SD卡是否插入及电量是否充足，调整照片和视频的分辨率与格式设置等，还要掌握无人机基本的起飞与降落技巧，这样才能确保无人机的飞行安全和航拍作品的质量。

10.1.1 检查SD卡与电量

扫码看视频

飞行前检查SD卡以及电量的操作事项如下。

1. 检查SD卡

大家在外出航拍前，一定要检查无人机中的SD卡是否有足够的存储空间，同时也要检查无人机中是否插入SD卡。如果用户不慎将无人机中的SD卡取出来了，飞行界面上方会提示"SD卡未插入"的提示信息，看到这个信息后，用户就知道无人机中并没有SD卡了。

2. 提前检查电量和充电

出门之前，一定要提前检查飞行器、遥控器以及手机的电量是否充足，以避免到了拍摄地点后，发现电量不足。另外，飞行器的电池使用时间有限，一块充满电的电池只能用30分钟左右，如果飞行器只有一半的电量，还要预留30%的电量返航，这样实际可用于拍摄的时间将大幅减少。

10.1.2 设置拍摄辅助线

为了让航拍时的画面构图均衡,可以在设置界面中开启拍摄辅助线功能。在"拍摄"设置界面中,点击"辅助线"右侧的 ⊠、⊞ 和 ⊡ 按钮,就可以打开交叉对称线、九宫格线和中心点辅助线,让你在拍摄构图中,更加精准和高效,如图10-1所示。

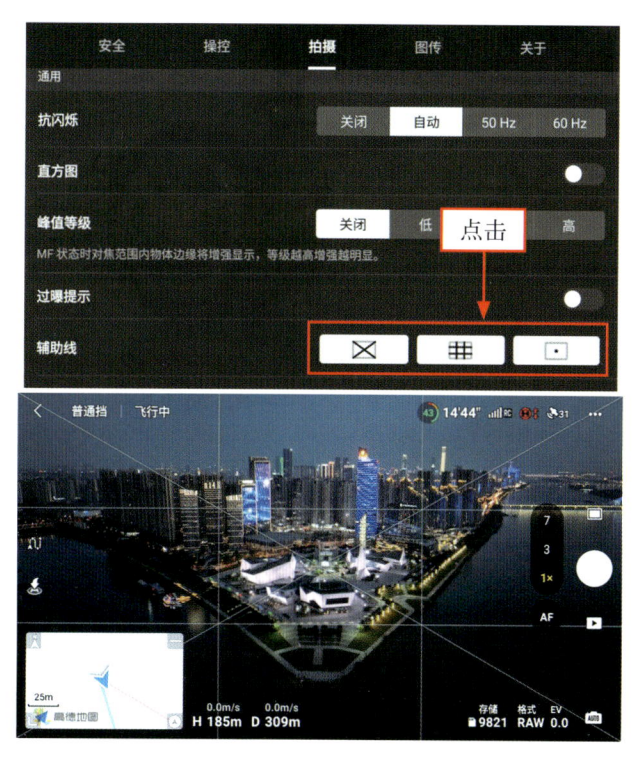

图 10-1 打开交叉对称线、九宫格线和中心点辅助线

第 10 章 无人机全景,4 种高空摄影实战 161

10.1.3 设置照片的格式与比例

在DJI Fly App的"拍摄"设置界面中，可以设置3种照片格式，第一种是JPEG格式，第二种是RAW格式，第三种是JPEG+RAW的双格式；还可以设置两种照片比例，第一种是16：9的尺寸，另一种是4：3的尺寸，如图10-2所示。

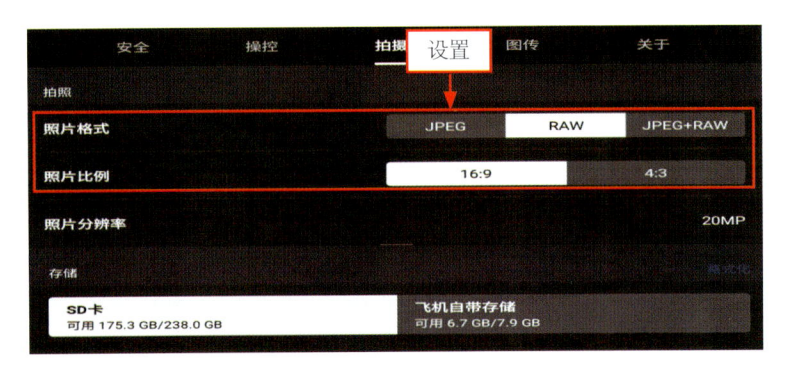

图10-2 设置照片的格式与比例

JPEG是一种常见的照片处理格式，是拍摄后进行简单处理得到的图像，虽然丢失了一点细节，但是不怎么占用内存；RAW格式则保留了传感器的原始信息，在后期处理中能够提供更多的图像信息。所以，对于有画质要求的用户，最好选择RAW格式存储照片。JPEG+RAW双格式同时保存两种格式的照片，结合了两者的优点。

照片的比例不同，画面中所容纳的内容也会改变。图10-3所示为16：9的宽屏比例尺寸和4：3比例尺寸的航拍照片，可以看到二者之间所呈现的视觉感受也会有所差异。

图10-3 16：9比例尺寸（左）和4：3比例尺寸的航拍照片（右）

10.1.4 设置视频的格式与色彩

在DJI Fly App中进入"录像"模式，在"拍摄"设置界面中，可以设置两种视频格式，第一种是MP4格式，第二种是MOV格式；还可以设置视频的色彩模式，一共有4种可选，分别是"普通"、HLG、D-Log和D-Log M，如图10-4所示。

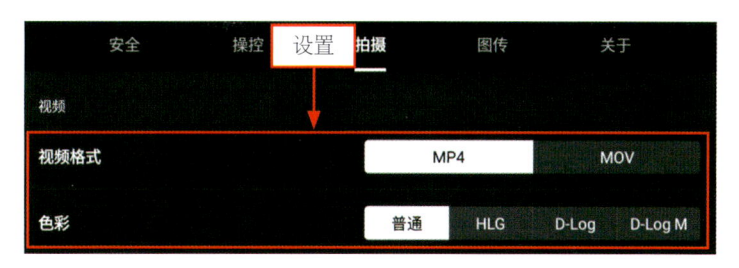

图 10-4　设置视频的色彩模式

在选择视频格式的时候，MP4格式的视频是比较适合用来发布的，MOV格式的视频则适合用于后期处理。MP4通用性强，适合PC系统。MOV是苹果公司开发的，较为适合苹果MAC系统。

视频色彩一般推荐用户使用"普通"或者采样为10bit的D-Log模式，前者适合新手用户，后者适合对后期要求比较高的用户。采样为10bit的D-Log模式有点类似于图片的RAW格式，能够在高对比度环境下还原亮部和暗部细节，记录足够的动态范围，给后期制作留下足够的调色空间。

HLG模式在后期处理上，相较于"普通"模式下的色彩，会有更大的发挥空间，同时也不需要像D-Log有着烦琐的后期调色工作流程。HLG适合用于在大光比环境，同时不需要专业后期调色工作流程的情况下。

所以，用户可以根据自己的具体需求后期处理能力，来设置视频的格式和色彩模式，其他数值选择默认设置即可。

10.1.5 自动起飞与降落

使用自动起飞和降落功能可以帮助拍摄者一键起飞和降落无人机，既方便又快捷，下面介绍具体的操作方法。

步骤01 将飞行器放在水平地面上，依次开启遥控器与飞行器的电源，当遥控器界面左上角状态栏显示"可以起飞"的信息状态后，点击左侧的自动起飞按钮，弹出相应的面板，长按"起飞"按钮，如图10-5所示，让无人机上升到大约1.0米的高度。

第 10 章　无人机全景，4 种高空摄影实战　163

图 10-5 长按"起飞"按钮

步骤02 向上推动左摇杆，当无人机上升到49m的高度时，点击自动降落按钮 ，弹出相应的面板，长按"降落"按钮，如图10-6所示，降落无人机。

图 10-6 长按"降落"按钮

专家提醒

无人机在下降的过程中，用户一定要密切关注无人机的状态，并将无人机降落在一片平坦、清洁的区域，下降的地点应远离人群、树木以及杂物等潜在障碍物，特别注意要防止儿童靠近。在遥控器摇杆的操作上，启动电机和停止电机的操作方式是一样的。

10.1.6 手动起飞与智能返航

手动启动电机之后，可以手动控制无人机起飞。当无人机飞至较远的距离时，可以使用智能返航功能让无人机飞回起飞点并自动降落，但在此之前要提前刷新返航点，下面介绍具体的操作方法。

步骤01 将两个摇杆同时往内掰，或者同时往外掰，即可启动电机，电机启动后，将左摇杆缓慢地向上推动，无人机即可上升飞行，并刷新返航点。

步骤02 当无人机飞远了，需要返航降落的时候，点击智能返航按钮，弹出相应的面板，长按"返航"按钮，如图10-7所示，无人机即可飞回返航点，并慢慢降落。

图 10-7 长按"返航"按钮

专家提醒

当无人机飞至较远距离时，我们可以使用智能返航让无人机自动返航，这样操作的好处是比较方便，不用重复地拨动左右摇杆；而缺点是用户需要先刷新返航点，然后再使用智能返航，以免无人机返航过程中偏离预定路线。

10.2 航拍全景图的类型

无人机在高空中所能拍摄到的风景是极为广阔的，所以全景拍照模式也是拍摄者必学的技能。大疆无人机有4种全景模式，分别为球形全景、180°全景、广角全景和竖拍全景，这些模式能让你航拍出来的照片更加壮观、大气并增加了拍摄时的多样化。本节将为大家介绍使用全景模式航拍的技巧。

10.2.1 球形全景摄影

球形全景是指无人机自动拍摄26张照片，然后进行自动拼接，形成一个完整的球形全景图。拍摄完成后，用户在查看照片效果时，可以点击球形照片的任意位置，相机将自动缩放到该区域的局部细节，查看这张动态的全景照片。图10-8所示为使用无人机拍摄的球形全景照片效果。

扫码看视频

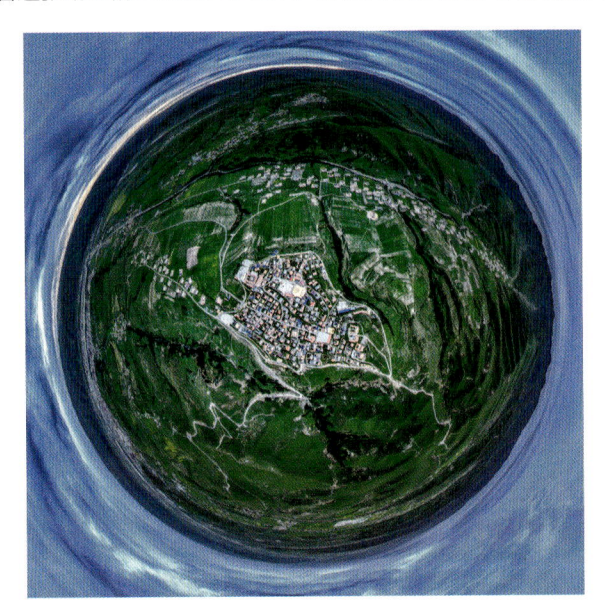

图 10-8 使用无人机拍摄的球形全景照片效果

下面介绍球形全景照片的具体拍法。

步骤01 在DJI Fly App的相机界面中，点击右侧的拍摄模式按钮▦，如图10-9所示。

图10-9 点击右侧的拍摄模式按钮

步骤02 在弹出的面板中选择"全景"选项，然后选择"球形"全景模式，如图10-10所示，点击拍摄按钮◯。

图10-10 选择"球形"全景模式

步骤03 无人机会自动拍摄照片，右侧显示拍摄进度，照片拍摄完成后，点击回放按钮▶，即可在相册中查看拍摄好的全景照片，如图10-11所示。

第 10 章 无人机全景，4 种高空摄影实战　167

图 10-11　在相册中查看拍摄好的全景照片

10.2.2　180°全景摄影

　　180°全景是指21张照片的拼接效果，以地平线为中心分割线，天空和地景各占照片的二分之一。图10-12所示为使用无人机拍摄的180°全景照片效果。

扫码看视频

图 10-12　180°全景照片效果

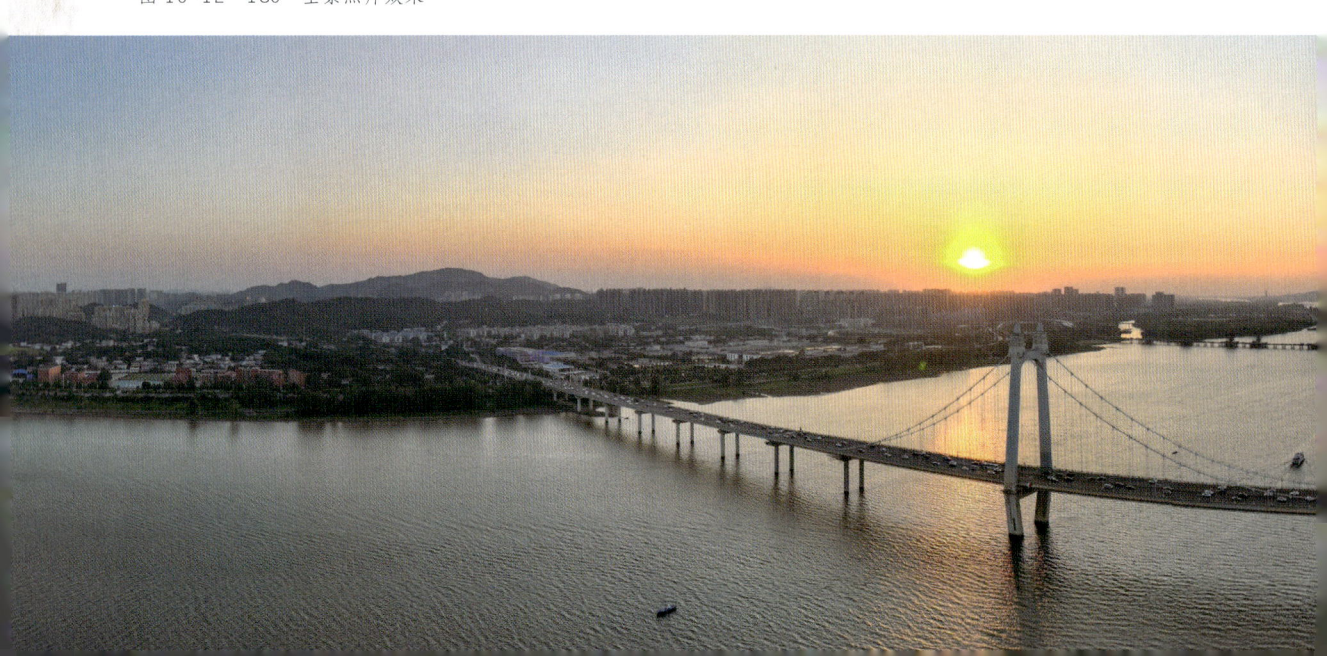

180°全景的具体拍法：进入拍照模式界面，选择"全景"选项，然后选择180°全景模式，如图10-13所示，点击拍摄按钮⭕，即可拍摄并合成全景照片。

图10-13 选择180°全景模式

10.2.3 广角全景摄影

无人机的广角全景是指9张照片的拼接效果，拼接出来的照片尺寸为4∶3，画面同样是以地平线为分割线进行拍摄。图10-14所示为在长沙北辰三角洲上空，使用广角全景模式航拍的城市建筑效果。

广角全景的具体拍法：进入拍照模式界面，选择"全景"选项，然后选择"广角"全景模式，如图10-15所示，点击拍摄按钮⭕，即可拍摄并合成全景照片。

图10-14 广角全景照片效果

图 10-15 选择"广角"全景模式

> **专家提醒**
>
> 在拍摄全景照片的时候，先选定主体对象，接着进行构图，然后再拍摄。当我们在城市上空航拍夜晚的全景照片时，要充分利用好周围的灯光效果，同时，保持无人机平稳、慢速地飞行，这样才能拍摄出清晰的夜景全景照片。

10.2.4 竖拍全景摄影

扫码看视频

无人机中的竖拍全景是指3张照片的拼接效果，什么情况下才适合用竖拍全景构图呢？一是拍摄的对象具有竖向的狭长性或线条性，二是展现天空的纵深及里面有合适的点睛对象。图10-16所示为使用竖拍全景模式航拍的公路与大桥全景照片，把狭长的道路进行全景拍摄，展示其纵深感。竖拍全景的具体拍法：进入拍照模式界面，选择"全景"选项，然后选择"竖拍"全景模式，点击拍摄按钮 ◯ ，即可拍摄并合成全景照片。

第 10 章 无人机全景，4 种高空摄影实战 171

图 10-16 使用竖拍全景模式航拍的公路与大桥全景照片

10.3 制作360°和720°VR效果

当我们拍摄并处理好全景照片后，接下来可以使用Photoshop软件或者720云App来制作出360°和720°的虚拟现实VR全景效果。

10.3.1 制作360°城市夜景小星球

下面主要讲解在Photoshop中如何制作360°城市夜景小星球的效果，帮助大家制作出极具个性化的航拍作品，具体的操作步骤如下。

步骤01 单击"文件"|"打开"命令，在Photoshop中打开一张已经拍摄并拼接好的全景图片，如图10-17所示。

图 10-17 打开一张全景图片

步骤02 在菜单栏中，单击"图像"|"图像旋转"|"180度"命令，对图像进行180°旋转操作，效果如图10-18所示。

图 10-18 对图像进行180°旋转操作

第 10 章　无人机全景，4 种高空摄影实战　173

步骤 03 单击"图像"|"图像大小"命令,弹出"图像大小"对话框,取消限制长宽比,设置"宽度"和"高度"均为2000,如图10-19所示,单击"确定"按钮。

步骤 04 执行操作后,此时照片会变成上下颠倒的正方形,如图10-20所示。

图 10-19 设置相应参数值　　　　　图 10-20 调整为正方形尺寸

步骤 05 单击"滤镜"|"扭曲"|"极坐标"命令,弹出"极坐标"对话框,选中"平面坐标到极坐标"单选按钮,单击"确定"按钮,即可制作360°全景小星球效果,使用Photoshop软件中的相关工具稍微调整拼接处的图像过渡效果,使画面更加自然,效果如图10-21所示。

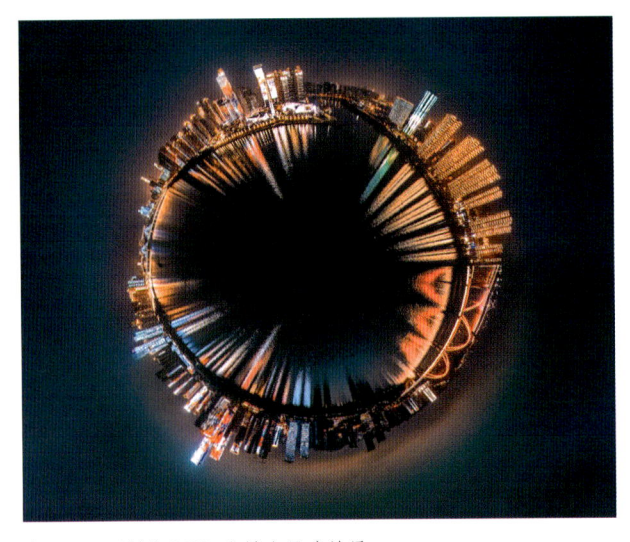

图 10-21 制作 360°全景小星球效果

174　大片这么拍!全景摄影高手新玩法(第2版)

10.3.2 使用720云制作VR全景小视频

720云是一款VR全景内容分享软件，它的核心功能包含推荐、探索以及制作全景小视频等。下面介绍使用720云App制作VR动态全景小视频的操作方法。

步骤01 下载、安装并打开720云App，点击下方的➕按钮，如图10-22所示。

步骤02 进入"创建720漫游"界面，点击下方的"本地相册添加"按钮，如图10-23所示。

图10-22 点击下方的➕按钮　　图10-23 点击相应按钮

步骤03 在本地相册中添加一张2∶1的全景照片到界面中，点击右上角的"创建"按钮，如图10-24所示。

步骤04 执行操作后，即可创建720VR全景小视频，点击右上角的"预览/保存"按钮，如图10-25所示。

步骤05 执行操作后，进入"作品预览"界面，预览发布完成的VR动态全景小视频，用手指滑动屏幕，即可查看各部分的画面效果，如图10-26所示。

图10-24 点击"创建"按钮　　图10-25 点击相应按钮

第10章　无人机全景，4种高空摄影实战　175

图 10-26　查看 VR 动态全景小视频

本章小结

本章主要介绍了使用无人机航拍全景照片的方法，首先介绍了拍摄前的准备工作，包括检查SD卡与无人机的电量、设置拍摄辅助线、设置照片的格式与比例等；然后介绍了航拍全景图的类型，包括球形、180°、广角以及竖拍全景；最后介绍了制作360°和720° VR效果的方法。通过本章的学习，读者可以熟练掌握使用无人机航拍全景作品的方法。

课后习题

鉴于本章知识的重要性，为了帮助读者更好地掌握所学知识，本节将通过课后习题引导读者进行知识回顾和拓展。

1. 使用无人机的球形全景功能，航拍一幅城市风光类的球形全景作品。
2. 使用无人机的180°全景功能，航拍一幅山水风光类的全景作品。

PART 11

第 11 章
运动相机
VR 全景,
8 种拍摄
效果

11.1 运动相机的设置方法

全景运动相机主要用于捕捉运动中的高速动作，特别适用于户外活动、极限运动和竞技体育等场景，这类相机具有轻巧、便携、防水和抗震等特性，能够满足在极端条件下的拍摄需求。本节主要以Insta360运动相机为例，讲解运动相机的设置方法。

11.1.1 连接手机与运动相机

扫码看视频

在手机上下载并安装Insta360 App，通过该App将手机与运动相机进行连接，方便我们在手机上控制运动相机的拍摄，下面介绍具体的操作方法。

步骤01 打开手机应用商店，搜索Insta360 App，找到应用程序后点击"安装"按钮，如图11-1所示。

步骤02 根据提示安装Insta360 App，接着在运动相机上点按电源键，开启相机，然后将手机的蓝牙与Wi-Fi功能打开，打开Insta360 App，点击界面下方的相机图标 ，如图11-2所示。

步骤03 执行操作后，App即可自动连接手机和运动相机设备，并显示连接进度，连接成功后，用户即可进入"相机"界面，在该界面中显示了设备上的各种资源，如图11-3所示，表示连接成功。

11.1.2 设置运动相机的拍摄模式

扫码看视频

在拍摄照片或视频之前，首先要设置运动相机的拍摄模式，下面介绍具体的操作方法。

步骤01 在"相机"界面中，点击下方的相机图标 ，如图11-4所示。

步骤02 进入拍摄界面，向左或向右滑动底部的标签栏，即可设置运动相机的拍摄模式，如图11-5所示。

图 11-1　点击"安装"按钮　　图 11-2　点击相机图标　　图 11-3　相关资源

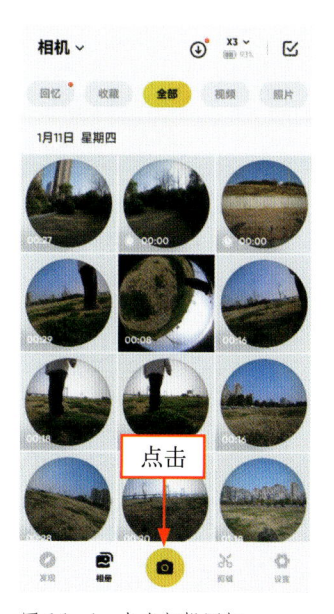

图 11-4　点击相机图标　　图 11-5　设置拍摄模式

第 11 章　运动相机 VR 全景，8 种拍摄 效果　　179

11.1.3 设置视频的分辨率与帧率

在Insta360运动相机中，默认的视频分辨率为5.7K（表示水平分辨率为5700像素），画面非常细腻。帧率是指视频中每秒显示的帧数，越高的帧率，视频画面会越流畅，尤其是在快速运动场景中。下面介绍设置视频分辨率与帧率的操作方法。

步骤01 在拍摄界面中，点击界面顶部的 按钮，如图11-6所示。

步骤02 弹出相应面板，在"分辨率"下方显示了5.7K，在"帧率"下方选择30选项，表示以30帧/秒的速度显示视频画面，如图11-7所示。

上面这个操作步骤中讲解的是在Insta360 App中设置视频的分辨率与帧率，用户还可以在运动相机中设置视频的分辨率与帧率，只需在运动相机拍摄界面中点击底部的5.7K/30按钮，在弹出的面板中即可进行相应设置，如图11-8所示。

图11-6 点击顶部的相应按钮 　　图11-7 显示视频的帧数 　　图11-8 进行相应设置

180　大片这么拍！全景摄影高手新玩法（第2版）

11.1.4 设置拍摄画面的曝光参数

在拍摄照片或视频的时候，首先需要根据拍摄的场景设置画面的曝光参数，使拍摄出来的画面曝光正常，下面介绍具体的操作方法。

步骤01 在拍摄界面中，切换至"普通拍照"模式，点击界面右下角的AUTO按钮，如图11-9所示。

步骤02 弹出相应面板，默认为AUTO自动曝光模式，如图11-10所示。

步骤03 点击M按钮，切换至手动曝光模式，可以设置光圈、ISO等参数，如图11-11所示。

图11-9 点击AUTO按钮　　图11-10 自动曝光模式　　图11-11 手动曝光模式

第 11 章　运动相机 VR 全景，8 种拍摄 效果　181

11.2 运动相机的4种拍摄方式

使用Insta360运动相机拍摄360°全景视频非常方便，主要有4种常见的拍摄方式，即环绕跟拍、高空跟拍、低空跟拍以及轨迹延时等，本节将进行相关讲解。

扫码看视频

11.2.1 环绕跟拍

当一个人出去游玩时，可以使用环绕跟拍的方式为自己拍摄视频画面，以展现人物周围的环境，操作方法很简单：首先设置好视频拍摄的参数，选择360°普通录像模式，让人物位于画面的正中央，一只手握住隐形自拍杆，原地转动身体进行拍摄，如图11-12所示。

拍摄完成后，通过Insta360 App进行后期剪辑，我们可以看到镜头将跟随人物旋转拍摄，呈现出环绕跟拍的效果，如图11-13所示。

图 11-12 环绕跟拍的方法

图 11-13 环绕跟拍的效果

11.2.2 高空跟拍

扫码看视频

高空跟拍是指运动相机处于较高的位置，通过拍摄来追踪和记录特定对象（通常是人或物体）的活动，这种拍摄方式可以为全景视频或照片创造出独特且引人注目的效果。将隐形自拍杆拉长，扛在肩膀上，Insta360全景运动相机在后面跟拍，如图11-14所示。

使用360°普通录像模式，按下相机上的拍摄键，即可模拟出无人机高空跟拍的效果。拍摄完成后，通过Insta360 App进行后期剪辑，效果如图11-15所示。

图 11-14 将隐形自拍杆扛在肩膀上

第 11 章 运动相机 VR 全景，8 种拍摄 效果

图 11-15 高空跟拍的效果

11.2.3 低空跟拍

将Insta360全景运动相机放低并贴近地面，放在人物后方一段距离跟拍后面，然后将运动相机从后方移动到前方来，模拟无人机低空飞行跟拍人物，再缓缓升高拍摄远处的美景，如图11-16所示。

图 11-16 低空跟拍的方法

184 大片这么拍！全景摄影高手新玩法（第2版）

由于相机贴近地面，地面的造型十分独特，低视角拍出了画面的透视感，曲线造型十分优美。拍摄完成后，可通过Insta360 App进行后期剪辑，效果如图11-17所示。

图 11-17　低空跟拍的效果

第 11 章　运动相机 VR 全景，8 种拍摄 效果

11.2.4 轨迹延时

很多时候,延时视频能给观众呈现出一种静谧的感觉,比如日出、日落以及云彩的变化等,这种情景如果用延时拍摄下来,给观众的感觉就是一种时间的压缩。

将Insta360运动相机固定在某个位置上,在Insta360 App中打开"延时摄影"模式,如图11-18所示,点击右下角的按钮,设置"间隔"为4秒,如图11-19所示。

图11-18 打开"延时摄影"模式　　图11-19 设置"间隔"为4秒

按下相机上或者Insta360 App界面中的拍摄键，即可开始拍摄延时视频,由于是360°取景,因此在后期剪辑中可以改变画面的方向,剪辑后的效果如图11-20所示。

图11-20 轨迹延时的效果

11.3 运动相机的4种拍摄场景

Insta360运动相机常用于4种场景中,如骑行拍摄360°全景、旅行自拍360°全景、汽车上拍摄360°全景以及VR样板房拍摄360°全景等,本节将对这些应用场景进行讲解。

11.3.1 骑行拍摄360°全景

扫码看视频

骑行拍摄360°全景时,能够捕捉周围的全部景象,创造出全景图像或视频,可以将运动相机固定在自行车上或者头盔上,还可以手持隐形自拍杆进行拍摄,如图11-21所示。

图11-21 手持隐形自拍杆进行拍摄

第 11 章 运动相机 VR 全景,8 种拍摄 效果 187

首先设置好视频拍摄的参数，选择360°普通录像模式，按下拍摄键，即可一边骑行一边拍摄360°全景视频，剪辑后的效果如图11-22所示。

图11-22 骑行拍摄360°全景视频的剪辑效果

11.3.2 旅行自拍360°全景

扫码看视频

在旅行途中，自行拍摄360°全景可以为你的旅行经历增添更多趣味和纪念价值，通过尝试不同的拍摄角度和姿势，可以创造出更加独特的全景自拍效果。

首先设置好视频拍摄的参数，选择单镜头跟拍模式或360°普通录像模式，然后按下拍摄键，即可一边旅行一边拍摄360°视频，大家可以结合11.2一节中介绍的4种拍摄方式，进行旅途自拍。剪辑后的效果如图11-23所示。

图 11-23 旅行自拍 360° 视频剪辑后的效果

第 11 章 运动相机 VR 全景，8 种拍摄 效果　189

11.3.3 汽车上拍摄360°全景

扫码看视频

使用Insta360运动相机可以捕捉车辆周围的全景视野，提供更广阔的画面，使观众感受到全方位的环境，这对于展示驾驶过程、周围风景、城市街道等场景非常有吸引力。

首先设置好视频拍摄的参数，选择360°普通录像模式，然后将运动相机安装到自拍杆上，从汽车的天窗伸出去，如图11-24所示。

图11-24 从汽车的天窗伸出去的自拍杆

按下相机上或Insta360 App界面中的拍摄键 🔴，即可一边开车一边拍摄360°全景视频（如果车上有同行的小伙伴，可以让他们帮忙握着自拍杆，但切记开车时要保证行驶的安全性），剪辑后的效果如图11-25所示。

图11-25 汽车上拍摄的360°全景视频的剪辑效果

11.3.4 VR样板房中拍摄360°全景

360°全景视频可以捕捉整个室内环境，给观众提供一个全方位的视角，有助于展示整个室内布局、装饰和设计，使人们更好地了解空间的结构和特点，这种360°全景视频在展示房产或活动场所时非常有吸引力。

首先设置好全景照片的拍摄参数，参考11.1.4一节中介绍的操作方法，设置好拍摄模式与画面的曝光参数，然后将运动相机安装到八爪鱼或三脚架上，按下相机上或者Insta360 App界面中的拍摄键 ⏺，即可拍摄360°的VR样板房全景，效果如图11-26所示。

对于那些想拍摄室内VR全景漫游的用户，比如出租房或出售的房产全景视频，展示各个房间的视频，就需要将Insta360 X3运动相机与房产App一起使用，在相关房产App中连接Insta360 X3运动相机，然后拍摄每个房间的VR全景图，再通过房产App进行合成处理即可。

图 11-26 360°的VR样板房全景

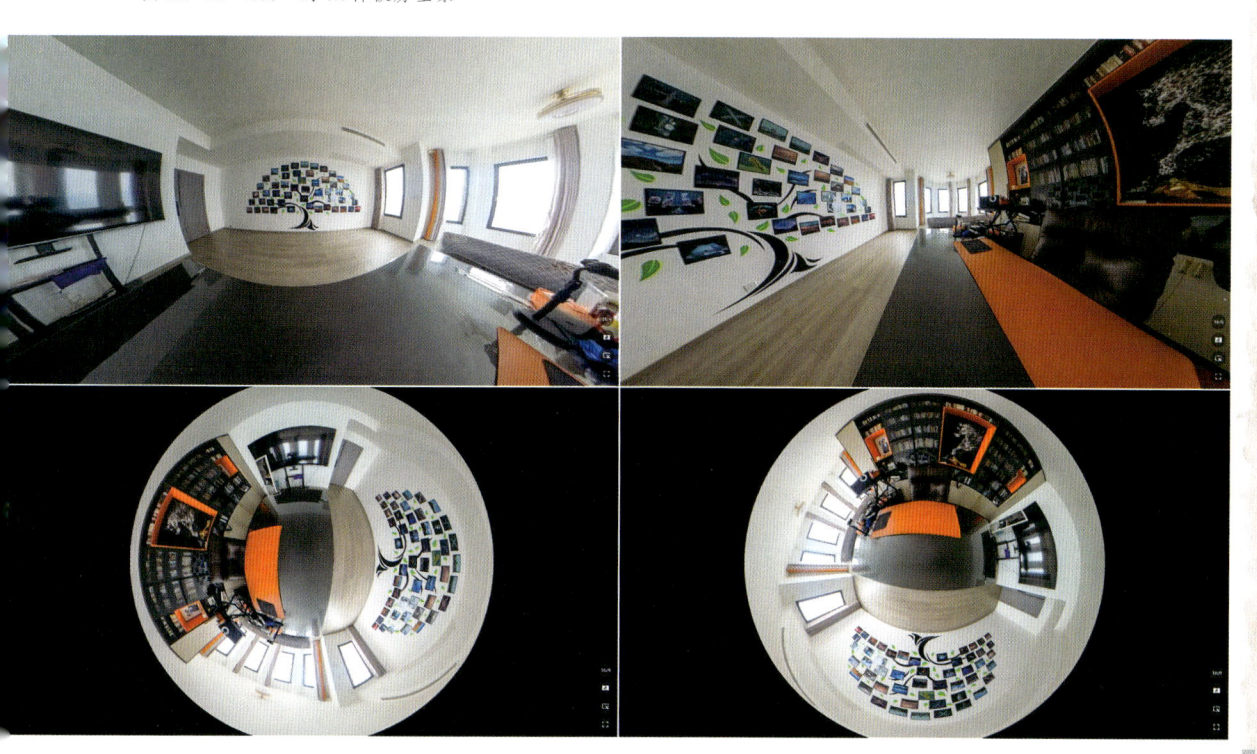

本章小结

本章主要介绍了使用运动相机拍摄VR全景的操作方法，首先介绍了运动相机的设置方法，包括连接手机与运动相机、设置运动相机的拍摄模式、设置视频的分辨率与帧率、设置拍摄画面的曝光参数等；然后介绍了运动相机的4种拍摄方式，最后介绍了运动相机的4种应用场景。通过本章的学习，读者可以熟练掌握使用运动相机拍摄VR全景视频的技巧。

课后习题

鉴于本章知识的重要性，为了帮助读者更好地掌握所学知识，本节将通过课后习题引导读者进行知识回顾和拓展。

1. 使用环绕跟拍的方式，拍摄出一段360°的全景视频效果。
2. 根据你所在的室内环境，拍摄出一幅室内的360° VR全景。

后期处理篇

PART 12

第 12 章

Photoshop，
4 种方式制
作全景影像

12.1 使用Photomerge命令合成全景图

Photoshop中的Photomerge命令用于将多张照片自动合并成一张全景照片,在合并图像时还可以进行透视校正,减少因摄影角度或镜头畸变引起的图像变形。

下面介绍使用Photomerge命令合成全景图的方法,具体的操作步骤如下。

步骤01 进入Photoshop工作界面,在菜单栏中选择"文件"|"自动"|Photomerge命令,如图12-1所示。

步骤02 弹出Photomerge对话框,单击"浏览"按钮,如图12-2所示。

扫码看视频

图 12-1 选择 Photomerge 命令 　　图 12-2 单击"浏览"按钮

步骤03 弹出"打开"对话框,按住Ctrl键的同时,选择多张需要拼接的照片,如图12-3所示。

步骤04 单击"确定"按钮,返回Photomerge对话框,在"源文件"列表框中显示了需要拼接的多张照片,单击"确定"按钮,如图12-4所示。

196　大片这么拍!全景摄影高手新玩法(第2版)

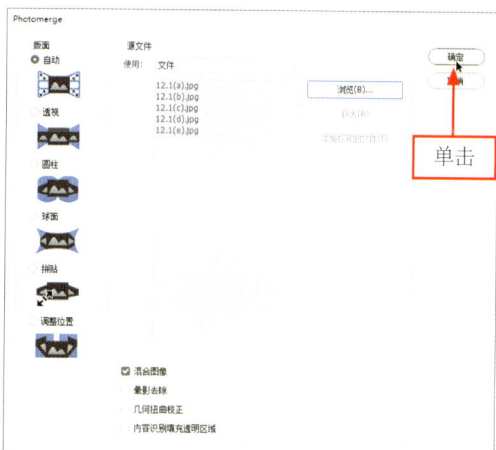

图 12-3 选择需要拼接的多张照片

图 12-4 单击"确定"按钮

步骤 05 执行操作后，即可拼合全景照片，同时可以使用裁剪工具对照片进行裁剪操作，如图12-5所示。

图 12-5 对照片进行裁剪操作

步骤 06 按Enter键确认裁剪操作，最终效果如图12-6所示。

图 12-6 最终效果

第 12 章 Photoshop，4 种方式制作全景影像　197

12.2 使用"自动对齐图层"命令合成全景图

Photoshop中的"自动对齐图层"命令主要用于自动调整多个图层的位置，使它们在水平、垂直或其他方面对齐，这个功能对于合并多个图像或图层以创建无缝效果，或进行复杂的图像合成非常有用。

下面介绍使用"自动对齐图层"命令一键合成全景图的操作方法。

步骤01 进入Photoshop工作界面，打开4张照片素材，如图12-7所示。

扫码看视频

图 12-7 打开 4 张照片素材

步骤02 将打开的照片素材复制并粘贴至同一个图像编辑窗口中，如图12-8所示。

步骤03 单击"背景"图层右侧的🔒图标，解锁该图层，然后选择所有图层，如图12-9所示。

图12-8 复制并粘贴照片素材 　　图12-9 选择所有图层

步骤04 在菜单栏中，选择"编辑"|"自动对齐图层"命令，如图12-10所示。

步骤05 弹出"自动对齐图层"对话框，选中"自动"单选按钮，如图12-11所示。

图12-10 选择"自动对齐图层"命令 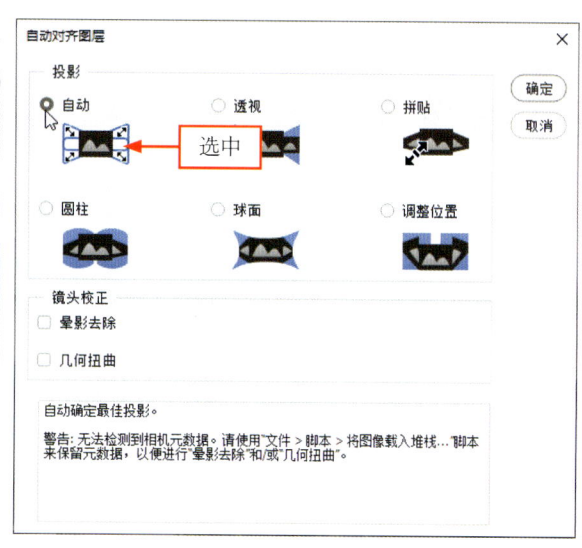　　图12-11 选中"自动"单选按钮

第 12 章　Photoshop，4 种方式制作全景影像　199

步骤06 单击"确定"按钮,即可一键拼合全景图,同时可以使用裁剪工具 对照片进行裁剪操作,如图12-12所示。

图12-12 对照片进行裁剪操作

步骤07 按Enter键确认裁剪操作,最终效果如图12-13所示。

图12-13 最终效果

12.3 使用Camera Raw合成全景图

Camera Raw是Photoshop中的一个插件，它提供了强大的图像处理功能，特别适用于处理相机原始格式的照片，为摄影师和图像编辑提供了更好的灵活性和操控性。

下面介绍使用Camera Raw合成全景图的方法，具体的操作步骤如下。

步骤01 按Ctrl + A组合键，全选文件夹中的照片素材，将其拖曳至Photoshop工作界面中，弹出Camera Raw窗口，如图12-14所示。

扫码看视频

图12-14 弹出Camera Raw窗口

步骤02 按Ctrl + A组合键全选照片，在照片上单击鼠标右键，在弹出的快捷菜单中选择"合并到全景图"命令，如图12-15所示。

步骤03 执行操作后，弹出"全景合并预览"对话框，在右侧面板中设置"投影"为"球面"，单击右下角的"合并"按钮，如图12-16所示。

步骤04 弹出"合并结果"对话框，设置全景图的名称和保存位置，如图12-17所示。

第 12 章　Photoshop，4 种方式制作全景影像　201

图 12-15 选择"合并到全景图"命令

图 12-16 单击"合并"按钮

图 12-17 设置全景图的名称和保存位置

步骤 05 单击"保存"按钮，即可保存合成的全景照片，在Camera Raw窗口中可以预览合成后的画面效果，在右侧面板中进行适当的调色处理，如图12-18所示。

步骤 06 单击"打开对象"按钮，即可在Photoshop中打开全景照片，最终效果如图12-19所示。

202　大片这么拍！全景摄影高手新玩法（第2版）

图 12-18 在右侧面板中进行适当的调色处理

图 12-19 最终效果

专家提醒

在Camera Raw窗口中，按Ctrl＋A组合键全选照片，按Ctrl＋M组合键可以快速执行"合并到全景图"命令。

第 12 章　Photoshop，4 种方式制作全景影像　203

12.4 通过二次构图将照片裁成全景图

在摄影中包含多种经典的构图形式，针对不同的拍摄对象可以采用相应的构图进行表现，如果对前期拍摄的构图效果不满意，还可以使用Photoshop或Lightroom中的裁剪功能进行调整，让构图更加完美。

下面介绍通过二次构图将照片裁成全景图的方法，具体的操作步骤如下。

步骤01 单击"文件"|"打开"命令，打开一幅素材图像，如图12-20所示。

步骤02 在工具箱中，选取裁剪工具，如图12-21所示。

图 12-20 打开一幅素材图像 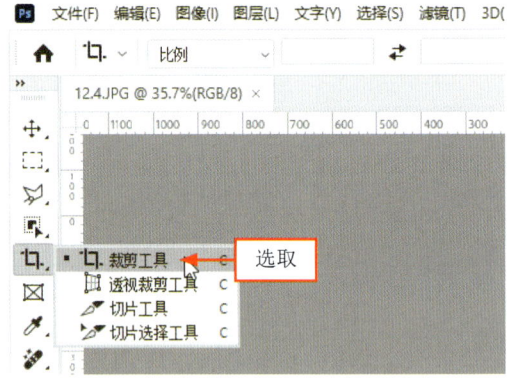　　　　图 12-21 选取裁剪工具

> **专家提醒**
>
> 按键盘上的C键，也可以快速选取裁剪工具。在图像中的变换控制框中，可以对裁剪区域进行适当调整，将鼠标指针移动至控制框四周的8个控制柄上，当指针呈双向箭头↔形状时，按住鼠标左键的同时并拖曳，即可放大或缩小裁剪区域；将鼠标指针移动至控制框外，当指针呈↵形状时，按住鼠标左键的同时并拖曳，可对其裁剪区域进行旋转操作。

步骤03 执行操作后，图像边缘会显示一个变换控制框，如图12-22所示。

步骤04 将鼠标指针分别移至上下中间的控制柄上，待鼠标指针呈↕形状时，按住鼠标左键向下或向上拖曳，即可调整控制框的大小，如图12-23所示。

图 12-22　显示一个变换控制框

图 12-23　调整控制框的大小

步骤05 按Enter键确认裁剪操作，最终效果如图12-24所示。

图 12-24　最终效果

第 12 章　Photoshop，4种方式制作全景影像　205

本章小结

本章主要介绍了在Photoshop中制作全景影像的4种方法，包括使用Photomerge命令合成全景图、使用"自动对齐图层"命令合成全景图、使用Camera Raw合成全景图以及通过二次构图将照片裁成全景图。通过本章内容的学习，读者可以掌握在Photoshop中合成全景图片的操作方法。

课后习题

鉴于本章知识的重要性，为了帮助读者更好地掌握所学知识，本节将通过课后习题引导读者进行知识回顾和拓展。

1. 使用"自动对齐图层"命令合成如图12-25所示的全景图片。

图 12-25　全景作品 1

2. 使用裁剪工具对照片进行二次构图，裁剪成如图12-26所示的全景图片。

图 12-26　全景作品 2

PART 13

第 13 章
PTGui Pro，
一键拼接制
作全景影像

13.1 认识PTGui Pro的界面功能

PT是Panorama Tools（全景工具）的缩写，PTGui Pro是一款专业的全景拼接软件，在这方面比Photoshop还要专业。本节主要介绍PTGui Pro的界面功能等内容。

13.1.1 了解PTGui Pro的工作界面

扫码看视频

PTGui Pro是一个功能齐全的高动态范围摄影图像拼接工具，其拼接性能非常出色，并且操作比较简单，可以快速生成各种全景图，其工作界面如图13-1所示，其中包括影象、镜头设置、修剪、遮罩、影象参数、控制点、优化、曝光/HDR、项目设置以及创建全景等功能。

图 13-1　PTGui Pro 工作界面

13.1.2 了解"文件"菜单

在PTGui Pro中,在菜单栏中单击"文件"菜单,可以看到"开新项目""加载项目""最近的项目"以及"应用模板"等子命令,如图13-2所示。全景项目是根据多张照片创建的结果,在PTGui Pro中每次创建全景作品时,单击"加载影象"按钮,在弹出的对话框中加载影像后,其工作界面如图13-3所示。

图13-2 单击"文件"菜单

图13-3 加载项目后的工作界面

13.1.3 载入与编辑全景源图像

载入与编辑全景源图像主要会用到"编辑""查看"和"影象"这3个菜单命令,如图13-4所示。"编辑"菜单主要包括还原和重做操作;"查看"菜单用于改变和控制图像的显示比例,可以进行放大、缩小等操作;"影象"菜单可以进行一些基本的源图像编辑操作,如添加、去除、替换源图像等。

第 13 章 PTGui Pro,一键拼接制作全景影像 209

图13-4 "编辑""查看"和"影象"菜单

13.1.4 编辑与优化控制点

控制点是使用PTGui Pro进行全景接片的关键功能，用户可以在"控制点"和"优化"选项卡中编辑和优化控制点，如图13-5所示，从而提升全景影像的拼接质量。

图13-5 "控制点"和"优化"选项卡

13.1.5 编辑全景图并输出图像

PTGui Pro除了可以对源图像进行基本的编辑操作外，用户还可以对拼接后的全景图进行相关编辑，如修剪图像、设置参数、设置对齐影像、查看拼接效果、调整曝光和白平衡等，主要使用到PTGui Pro的"镜头设置""修剪""影象参数"以及"项目设置"等选项卡，如图13-6所示。

图13-6 "修剪"选项卡（左）和"项目设置"选项卡（右）

在PTGui Pro的"曝光/HDR"选项卡中，可以进行高动态图像的色调映射和曝光融合处理，如图13-7所示。

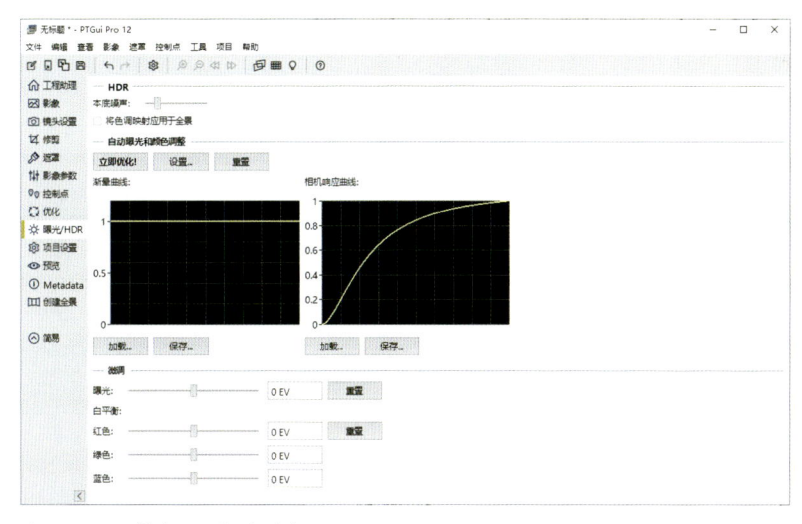

图13-7 "曝光/HDR"选项卡

全景图像编辑完成后，在"创建全景"选项卡中可以设置文件格式与输出位置等，如图13-8所示，这样可以使创建的全景图像更加符合用户要求。

图 13-8 "创建全景"选项卡

13.1.6 掌握PTGui Pro相关设置

在使用PTGui Pro拼接全景照片前，首先要对一些功能选项进行相关的设置。选择"工具"|"选项"命令，如图13-9所示；弹出"选项"对话框，在其中可以设置"一般""缺省设置""文件夹和文件""预览设置""控制点编辑器""控制点生成器"以及"进阶"等选项，如图13-10所示。

图 13-9 选择"选项"命令

图 13-10 "选项"对话框

> **专家提醒**
>
> 在PTGui Pro工作界面中，按Ctrl+P组合键，也可以快速弹出"选项"对话框。在"一般"选项卡的"语言"列表框中，用户可以根据自身需要选择相应的软件语言；在"主题"选项卡中选择"白"选项，可以将PTGui Pro工作界面设置为底色为白色的界面。

13.2 使用PTGui Pro拼接全景图

PTGui Pro允许用户将多张照片拼接成全景图像，支持水平和垂直的全景拼接，它还支持多种投影方式，包括球形、柱形、圆柱形等，以满足不同需求。本节主要介绍使用PTGui Pro拼接全景图的操作方法。

13.2.1 加载图像拼接全景图

扫码看视频

PTGui Pro的拼接操作简便，可以快速拼出完美的全景图片，下面介绍基本的操作步骤。

步骤 01 进入PTGui Pro工作界面，单击"加载影象"按钮，如图13-11所示。

步骤 02 弹出"添加影象"对话框，在其中选择需要拼接的多张照片，如图13-12所示。

图13-11　单击"加载影象"按钮　　　　图13-12　选择需要拼接的多张照片

步骤 03 单击"打开"按钮，即可将照片导入PTGui Pro工作界面中，在"来源影象"选项区中可以查看导入的照片素材，如图13-13所示。

步骤 04 单击"镜头"右侧的文字链接，弹出相应对话框，在其中可以设置镜头类别，如

图13-14所示，设置完成后单击"是"按钮。

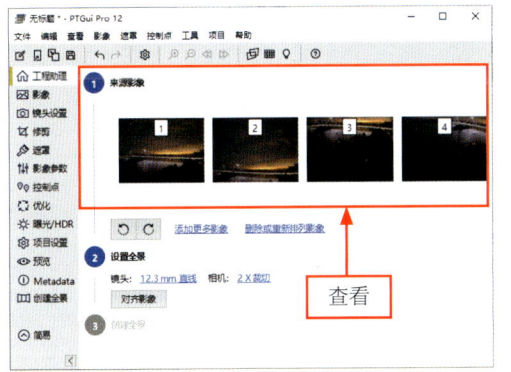

图 13-13　查看导入的照片素材

图 13-14　设置镜头类别

步骤05 单击"相机"右侧的文字链接，弹出相应对话框，在其中可以设置相机/传感器尺寸，如图13-15所示，设置完成后单击"是"按钮。

步骤06 在PTGui Pro工作界面中，单击"对齐影象"按钮，如图13-16所示。

图 13-15　设置相机/传感器尺寸

图 13-16　单击"对齐影象"按钮

步骤07 弹出"全景编辑"窗口，可以查看拼接完成的全景图片，如图13-17所示。

步骤08 在上方的工具栏中，单击"直线投影"按钮，可以更改全景照片的投影类型，效果如图13-18所示。

第 13 章　PTGui Pro，一键拼接制作全景影像　215

图 13-17 查看拼接完成的全景图片

图 13-18 更改全景照片的投影类型

13.2.2 对全景源图像进行编辑处理

在使用PTGui Pro拼接全景图片时，如果源图像拍摄效果不尽如人意，也可以在后期拼接过程中对其进行编辑处理。如果需要改变源图像的拍摄参数，可以切换至"影象参数"选项卡，在其中可以调整源图像的曝光、光圈、ISO、曝光偏移、白平衡参数等，如图13-19所示。

图 13-19　调整源图像的影象参数

例如，在拍摄下面这组全景照片时使用了自动曝光模式与自动白平衡时，会发现拍摄出来的全景图像画面过暗，色彩过于平淡，因此在"影象参数"选项卡中对相应照片的拍摄参数进行调整——高画面的曝光度，修正白平衡参数。图13-20所示为拍摄参数修正后的效果对比图，左图是调整前的效果，右图是调整后的效果。

图 13-20　影象参数修正后的效果对比图

图13-21所示为使用相关后期软件对源图像进行编辑调色后的拼接效果，这张全景图采用21张照片拼接，曝光为1/15s，光圈为F2.8。

图 13-21 对源图像进行编辑处理后的拼接效果

13.2.3 调整全景图像中的控制点

如果想要生成高质量的全景图，可以通过调整源图像中重叠部分的控制点来实现，这也是 PTGui Pro 软件的基本拼接算法。通常，PTGui Pro 软件会在拼接过程中自动生成一些控制点，用户也可以手动进行移动、添加或删除操作，如图 13-22 所示。

图 13-22 PTGui Pro 软件中的"控制点"选项卡

通常情况下，PTGui Pro 能够很好地识别源图像中的控制点，因此不需要用户进行手动调整。但有时候，用户拍摄的源图像重叠部分并不是很理想，此时会出现软件无法识别控制点，或者控制点位置不准确等情况，从而导致拼接的全景图像出现严重的错位、变形以及扭曲等现象。

此时，拍摄者可以多执行几次"对准图像"操作，让软件自动识别并调整控制点，也可以通过手动添加控制点或删除PTGui Pro生成的错位控制点。

单击工具栏中的"控制点表"按钮▦，即可弹出"控制点表"对话框，可以很方便地查找和处理源图像之间的控制点，如图13-23所示。单击工具栏中的"控制点助手"按钮💡，在打开的窗口中可以查看所有图像的控制点状况，单击"显示改善结果的建议"文字链接，可以查看改善控制点的优化建议，如图13-24所示。

图13-23　弹出"控制点表"对话框　　　　图13-24　查看改善控制点的优化建议

在添加控制点时，可以先放大显示图像，将鼠标光标定位到左图中需要添加控制点的位置，单击即可添加并自动跳转到右图中的对应控制点上，如图13-25所示。

如果要删除某个错位的控制点，只需选中该控制点后，单击鼠标右键，在弹出的快捷菜单中选择"删除"命令即可，如图13-26所示。

用户可以单击"控制点"菜单，在下方使用"生成控制点""为影象5和6生成控制点""为所有重叠影象生成控制点""删除所有控制点"以及"删除最差控制点"等菜单命令来编辑控制点，如图13-27所示。

需要注意的是，如果删减部分控制点后，仍然无法拼接，或者拼接错误等，以及当软件提示控制点不足时，就需要进行手动添加控制点优化，重新对准图片。图13-28所示为调整控制点并进行后期调色后的全景拼接效果，使用了"小星球：300°立体"投影模式，共包含25张球形全景接片。

第 13 章　PTGui Pro，一键拼接制作全景影像　219

图 13-25 在全景图中添加控制点

图 13-26 选择"删除"命令

220 大片这么拍！全景摄影高手新玩法（第 2 版）

图 13-27 "控制点"菜单下的相关命令

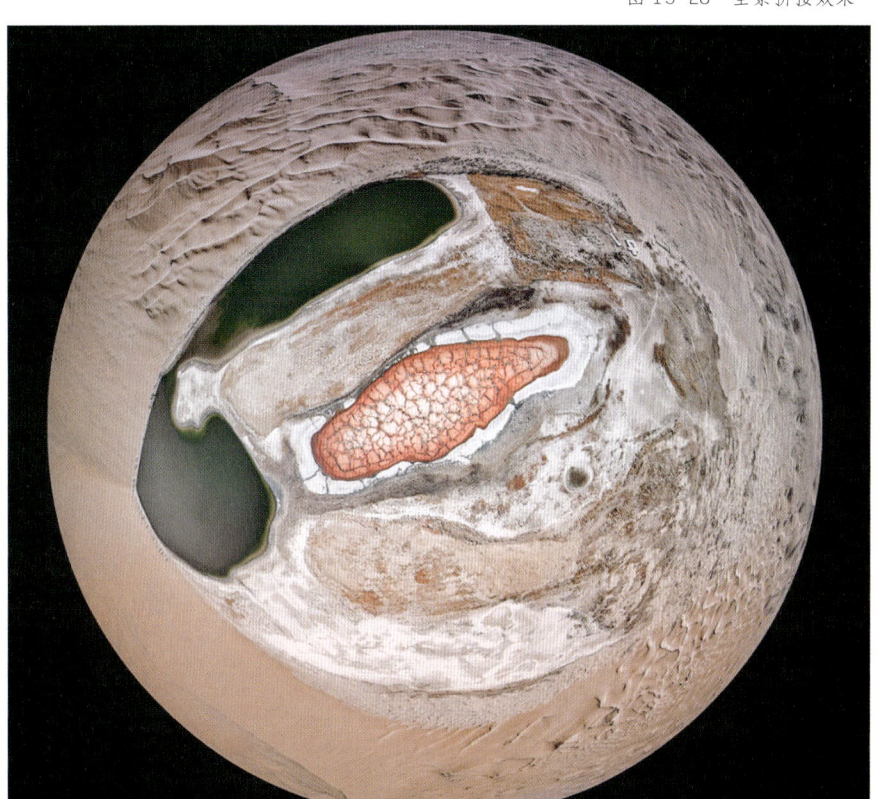

图 13-28 全景拼接效果

13.2.4 对生成的全景图进行编辑

在PTGui Pro中拼接全景图后，主要是在"全景编辑"窗口中对生成的全景图进行编辑。在"编辑"菜单中，主要包含了一些预览图调整命令，如图13-29所示。其中，"适合全景"命令主要用于自动将预览图填充至整个全景图编辑器中，"水平适合全景"与"垂直适合全景"命令也可以在水平方向或者垂直方向上调整预览图以适应整个全景图编辑器的尺寸。

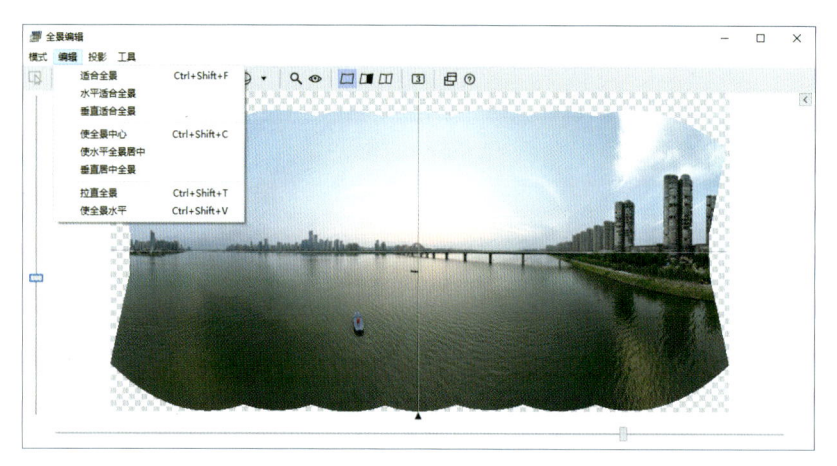

图13-29 "编辑"菜单

在"投影"菜单中，包含了16种投影模式，如图13-30所示。

图13-30 "投影"菜单

投影模式主要是将三维的现实场景通过二维平面显示出来，包括"直线""圆柱面""等距离长方圆柱""圆形鱼眼""全幅鱼眼""立体""立体感下来""墨卡托""Vedutismo""横向等长的""横向圆柱形""横向墨卡托"以及"横向vedutismo"等类型，用户只需要根据实际的拍摄情况选择合适的全景投影模式即可。图13-31所示为"圆形鱼眼"模式的全景照片显示效果。

图13-31 "圆形鱼眼"模式的全景照片显示效果

视角调整工具主要用来控制背景画布的大小，向左拖动水平视角滑杆，则视角变窄，向右拖动则变宽；向上拖动垂直视角滑杆，则视角变小，向下拖动则视角变大。调整好合适的图像视角后，即可让图像自动填充整个画布，如图13-32所示。

图13-32 控制背景画布的大小

第13章 PTGui Pro，一键拼接制作全景影像 223

13.2.5 输出并保存全景图像文件

当全景图生成并编辑完毕后，即可执行输出保存操作，便于以后进行分享和浏览，主要用到 PTGui Pro 的"创建全景"功能，具体的操作步骤如下。

步骤01 全景图片编辑完成后，切换至"创建全景"选项卡，在"宽×高"数值框中可以设置图像的输出尺寸，在"文件格式"列表框中可以选择5种不同的输出格式，然后设置文件的输出位置，单击"创建全景"按钮，如图13-33所示。

图13-33 单击"创建全景"按钮

步骤02 执行操作后，即可输出并保存全景图像文件。图13-34所示的这张全景图，采用21张横画幅拍摄并拼接，输出为JPEG格式后使用Photoshop进行初步调色后的效果。

图13-34 180°全景作品

本章小结

本章主要介绍了使用PTGui Pro软件一键拼接制作全景影像的方法,首先介绍了PTGui Pro的界面功能,包括PTGui Pro的工作界面、"文件"菜单、载入与编辑全景源图像、编辑与优化控制点、编辑全景图并输出图像等内容;然后介绍了使用PTGui Pro拼接全景图的过程,包括加载图像拼接全景图、对全景源图像进行编辑处理、调整全景图像中的控制点、对生成的全景图进行编辑以及输出并保存全景图像文件等内容。通过本章的学习,读者可以熟练掌握PTGui Pro软件的全景图拼接方法。

课后习题

鉴于本章知识的重要性,为了帮助读者更好地掌握所学知识,本节将通过课后习题引导读者进行知识回顾和拓展。

1. PTGui Pro的工作界面中,有哪些主要的功能模块?
2. 使用PTGui Pro软件拼接出如图13-35所示的全景照片效果。

课后习题2

图13-35 全景照片效果

PART **14**

第 14 章
Insta360 App，剪辑360° 全景影像

14.1 剪辑全景视频的时长

Insta360 App不仅可以用来控制Insta360运动相机的拍摄功能，还可以通过该App来剪辑全景影像，操作十分方便。如果拍摄的全景视频中有多余的片段，此时可以使用"修剪"功能修剪视频的时长。

扫码看视频

具体的操作步骤如下。

步骤 01 在Insta360 App中，点击需要编辑的视频片段，如图14-1所示。
步骤 02 进入全景视频"编辑"界面，点击界面下方的"修剪"按钮，如图14-2所示。
步骤 03 进入"修剪"界面，下方显示了视频的总时长，如图14-3所示。

图 14-1 点击视频片段　　图 14-2 点击"修剪"按钮　　图 14-3 显示视频总时长

228　大片这么拍！全景摄影高手新玩法（第2版）

> **专家提醒**
>
> 如果用户的手机连接了Insta360运动相机,那么在Insta360 App的"相册"界面中,可以直接查看运动相机中拍摄的所有全景视频,并且可以直接对视频画面进行编辑处理。

步骤04 分别向右或向左拖曳视频片头和片尾位置的白色箭头标记,调整视频时长为15秒左右,如图14-4所示。

步骤05 点击右下角的✓按钮,返回"编辑"界面,效果如图14-5所示。

图14-4 调整视频时长

图14-5 查看效果

第 14 章 Insta360 App,剪辑 360° 全景影像

14.2 设置全景视频的展现方式

在Insta360 App的视频编辑界面中,通过上、下、左、右滑动屏幕,可以调整全景视频的展现方式,使视频画面更具吸引力。

扫码看视频

具体的操作步骤如下。

步骤01 在"编辑"界面中,双指靠拢滑动屏幕缩小画面,使全景视频呈现出360°全景,如图14-6所示。

步骤02 单指向上滑动,可以让视频呈现出人物在球体上行走的画面,如图14-7所示。

步骤03 单指向下滑动,可以让视频呈现出地景包围天空的画面,效果如图14-8所示。

图 14-6 缩小画面　　　　图 14-7 单指向上滑动　　　　图 14-8 单指向下滑动

14.3 添加关键帧制作全景视频

在视频片段中添加关键帧，可以制作出视频的播放效果，呈现出360°全景中想要看到的视频画面。

扫码看视频

具体的操作步骤如下。

步骤01 在"编辑"界面中，将时间线移至最开始的位置，点击 ➕ 按钮，添加一个关键帧，此时 ➕ 按钮变为了 ✖ 按钮，如图14-9所示。

步骤02 将时间线移至00:05的位置，点击 ➕ 按钮添加第2个关键帧，如图14-10所示。

步骤03 将时间线移至00:08的位置，单指滑动屏幕调整视频画面的展现位置，点击 ➕ 按钮添加第3个关键帧，如图14-11所示。

图14-9　添加第1个关键帧　　图14-10　添加第2个关键帧　　图14-11　添加第3个关键帧

步骤04 关键帧添加完成后，点击屏幕预览视频效果，如图14-12所示。

第14章　Insta360 App，剪辑360°全景影像

图 14-12 预览视频效果

14.4 调整全景视频的色彩和色调

调色是全景视频剪辑中不可或缺的部分，调出精美的色调可以让全景视频更加出彩。下面介绍调整全景视频色彩和色调的操作方法。

步骤01 在"编辑"界面下方，从右向左滑动工具栏，在其中点击"调色"按钮，如图14-13所示。

步骤02 进入"调色"界面，设置"曝光"为24，提高视频画面的亮度，使画面元素更加明亮，如图14-14所示。

步骤03 设置"色温"为14，使视频画面呈现偏暖色调，如图14-15所示。

步骤04 设置"对比度"为17，提高视频画面的对比度，如图14-16所示。

步骤05 设置"饱和度"为30，使视频画面的色彩更加鲜艳，如图14-17所示。

步骤06 设置"色调"为20，使视频画面呈现出温暖的黄色调，如图14-18所示。

步骤07 设置"锐度"为18，锐化视频，使画面更加清晰，如图14-19所示。

扫码看视频

图 14-13 点击"调色"按钮　　图 14-14 设置"曝光"参数　　图 14-15 设置"色温"参数

图 14-16 设置"对比度"参数　　图 14-17 设置"饱和度"参数

第 14 章　Insta360 App，剪辑 360° 全景影像　233

图 14-18 设置"色调"参数　　图 14-19 设置"锐度"参数

步骤08 调色完成后，点击✓按钮，点击屏幕预览视频效果，如图14-20所示。

图 14-20 预览视频效果

234　大片这么拍！全景摄影高手新玩法（第2版）

14.5 为全景视频添加背景音乐

背景音乐是视频中不可或缺的元素，合适的音乐能为视频增加记忆点和亮点。下面介绍为全景视频添加背景音乐的方法。

扫码看视频

步骤01 在"编辑"界面中，点击"音量"按钮，如图14-21所示。

步骤02 在弹出的面板中点击图标，将素材设置为静音，如图14-22所示。

步骤03 点击工具栏中的"音乐"按钮，进入"音乐"界面，选择一首喜欢的音乐，点击右侧的"使用"按钮，如图14-23所示。

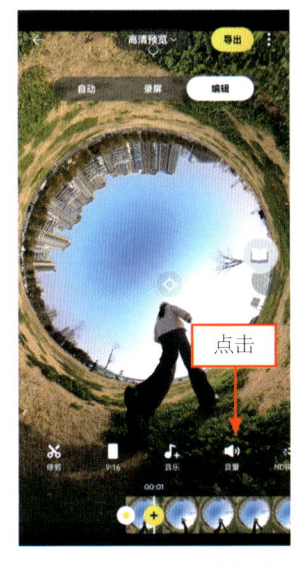

图 14-21 点击"音量"按钮　　图 14-22 点击相应图标　　图 14-23 点击"使用"按钮

第 14 章　Insta360 App，剪辑 360° 全景影像

步骤04 进入"音乐"编辑界面，确认后点击✓按钮，如图14-24所示。

步骤05 执行操作后，即可进入预览界面，如图14-25所示，试听并预览全景视频效果。

图 14-24　点击相应按钮　　　图 14-25　试听并预览效果

14.6 快速导出全景视频效果

添加完背景音乐后，就可以导出全景视频效果了。

具体的操作步骤如下。

步骤 01 在"编辑"界面中，点击右上角的"导出"按钮，如图14-26所示。

步骤 02 弹出相应面板，在"平面"选项卡中点击"导出"按钮，如图14-27所示。

步骤 03 执行操作后，开始导出360°全景视频，并显示导出进度，如图14-28所示。

步骤 04 稍等片刻，即可导出成功，如图14-29所示。

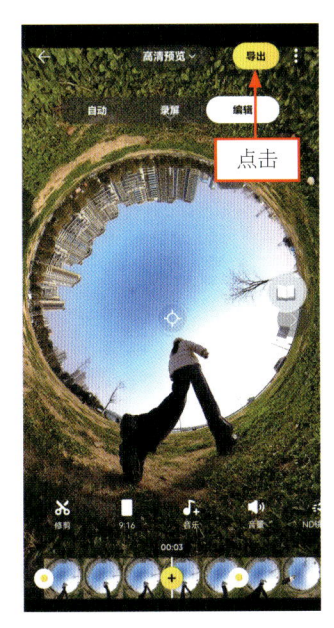

图 14-26 点击"导出"按钮　　图 14-27 点击"导出"按钮效果

第 14 章　Insta360 App，剪辑 360°全景影像　　237

图 14-28 显示导出进度　　图 14-29 提示导出成功

步骤05 打开系统相册，查看制作的360°全景视频效果，如图14-30所示。

图 14-30 查看制作的 360° 全景视频效果

本章小结

本章主要介绍了使用Insta360 App剪辑360°全景视频的方法，主要包括剪辑全景视频的时长、设置全景视频的展现方式、添加关键帧制作全景视频、调整全景视频的色彩色调、为全景视频添加背景音乐以及快速导出全景视频效果等。通过本章的学习，读者可以熟练掌握Insta360 App的视频剪辑功能，学完以后可以举一反三，制作出更多精彩的视频。

课后习题

鉴于本章知识的重要性，为了帮助读者更好地掌握所学知识，本节将通过课后习题引导读者进行知识回顾和拓展。

1. 在Insta360 App中，如何为全景视频添加背景音乐？
2. 在Insta360 App中，调出图14-31所示的360°全景视频效果。

课后习题2

图14-31　360°全景视频效果